应用型本科信息大类专业“十三五”规划教材

# 软件工程导论

主　编　鲁　星　钱小红　曾　丹
副主编　雷　渊　宋传磊　崔欢欢
参　编　肖莹慧　王　静　刘胜艳

華中科技大學出版社
http://www.hustp.com
中国·武汉

**图书在版编目(CIP)数据**

软件工程导论/鲁星,钱小红,曾丹主编. —武汉：华中科技大学出版社，2019.2
ISBN 978-7-5680-4979-5

Ⅰ.①软… Ⅱ.①鲁… ②钱… ③曾… Ⅲ.①软件工程-高等学校-教材 Ⅳ.①TP311.5

中国版本图书馆 CIP 数据核字(2019)第 033331 号

**软件工程导论** 鲁 星 钱小红 曾 丹 主编
Ruanjian Gongcheng Daolun

策划编辑：曾 光
责任编辑：舒 慧
封面设计：孢 子
责任监印：朱 玢
出版发行：华中科技大学出版社(中国·武汉) 电话：(027)81321913
武汉市东湖新技术开发区华工科技园 邮编：430223
录 排：华中科技大学惠友文印中心
印 刷：武汉市籍缘印刷厂
开 本：787mm×1092mm 1/16
印 张：11
字 数：282 千字
版 次：2019 年 2 月第 1 版第 1 次印刷
定 价：38.00 元

# 前言

经过近五十年的发展，软件工程在支持软件系统工程化开发方面取得了令人瞩目的成绩，提出了大量的理论、方法、技术和工具。但是，近年来的研究和实践表明软件危机依然存在，软件开发仍然存在高成本、质量得不到保证、进度和成本难以控制等方面的问题，许多软件项目被迫延期甚至取消。与此同时，随着网络技术的不断发展，部署在网络基础上的软件系统的规模和复杂程度越来越高，并表现出诸如持续性、自适应性、交互性、异构性等特点。因此，如何支持这类复杂系统的开发，缓解和消除现阶段的软件危机是当前软件工程面临的一项重要挑战。

本书全面、系统地讲述了软件工程的概念、原理和典型的方法学，并介绍了软件项目的管理技术，同时介绍了近年软件工程领域的一些新方法和新技术，包括：敏捷软件开发（agile software development）、测试驱动开发（test-driven development）、模型驱动开发（model-driven development）等。

本书共10章，内容分别为：软件工程概述、需求分析工程、结构化方法、面向对象方法、统一建模语言UML与实例、软件测试、软件维护、软件体系结构、面向对象开发中的设计模式、分布式系统与部件技术。本书可作为高等院校“软件工程”课程的教材或教学参考书。

本书由武汉学院鲁星、武汉华夏理工学院钱小红、武昌工学院曾丹担任主编，由南宁学院雷渊、青岛理工大学琴岛学院宋传磊、武汉设计工程学院崔欢欢担任副主编，参编人员有武汉学院肖莹慧、王静、刘胜艳。

在这里要特别感谢肖莹慧、王静、刘胜艳老师的帮助，她们的辛苦工作是本书得以顺利出版的关键。如果读者对本书有任何意见或建议，请联系我们。

# 目录 CONTENTS

# 第1章 软件工程概述

在学习了“高级程序设计语言”和“数据结构”后，编写小程序不会有太大问题。但要开发一个大型软件，一定存在很多困难，例如在接到项目后应该从哪儿入手、用什么方法、按照哪些步骤进行开发、如何评价一个软件的好坏等，这些都是初次参加大型软件开发的人员要遇到的问题。因此，必须学习软件工程。

## 1.1 软件技术概述

### 1.1.1 软件的概述与特点

程序是一系列指令序列的集合，它能被计算机理解和执行。

文档是指用自然语言或者形式化语言所编写的文字资料和图表，用来描述程序的内容、组成、设计、功能规格、开发情况、测试结果及使用方法，如程序设计说明书、流程图、用户手册等。

软件是计算机系统中与硬件子系统相互依存的另一个子系统，是一个包含程序及其文档资料的完整集合，提供用户与硬件子系统之间的接口。随着计算机科学技术的发展，人们对软件的认识也在不断深化，这从下面式子的变化就可以看出：

20 世纪 70 年代以前：软件＝程序。

20 世纪 70—80 年代：软件＝程序＋文档。

20 世纪 80 年代以后：软件＝文档＋程序。

在软件的可维护性变得越来越重要的今天，文档的地位也提高到前所未有的高度，并且能够自动化地生成。

与小型软件不同，大型软件具有如下特点：

(1) 规模大。

现在的软件动辄上百兆，需要处理的数据量大，占用的内存也大。对于实时软件，除了规模大以外，还要求可靠性高。

(2) 复杂性高。

大型软件由大量的模块集成，模块之间的关系、调用方式以及数据和文件的关系都相当复杂。

(3) 开发周期长。

大型软件从立项到交付使用，需几十人、几百人经过几个月甚至几年的时间。

(4) 开发、维护和使用人员不同。

(5) 多学科综合。

软件开发人员除了具有必备的软件知识外，还应该具有多方面的专业知识和经验。

### 1.1.2 计算机软件技术

计算机软件技术是指开发计算机软件所需的所有技术的总称。按照软件分支学科的内容划分，计算机软件技术应有如下几个领域：

(1) 软件工程技术：包括软件开发的原则与策略、软件开发的方法与软件过程模型、软件标准与软件质量的衡量、软件开发的组织与项目管理、软件工程工具和环境等。

(2) 程序设计技术：包括程序的结构与算法设计、程序设计风格、程序设计语言、程序设计方法和程序设计自动化、程序的正确性证明和程序的变换。

(3) 软件工具环境技术：包括人机接口技术、软件自动生成、软件工具的集成、软件开发环境和软件的复用等。

(4) 系统软件技术：包括操作系统、编译方法、分布式系统的分布处理与并行计算、并行处理技术和多媒体软件技术。

(5) 数据库技术：包括数据模型、数据库与数据库管理系统、分布式数据库、面向对象的数据库技术、工程数据库、多媒体数据库、数据仓库和数据挖掘等。

(6) 实时软件技术。

(7) 网络技术：包括网络软件技术、调试工程、网络管理、局域网技术、网络互联技术和智能网络等。

### 1.1.3 软件复用

**1. 软件复用概述**

从 1968 年提出可复用库的思想后，软件复用的概念被推广了。软件复用是指在构造新的软件系统的过程中，对已存在的软件产品(设计结构、源代码、文档等)重复使用的技术。

软件复用有三个层次：知识复用、方法复用和软件成分复用。前两个属于知识工程的范畴，这里只讨论软件成分复用。

软件成分复用包括以下三个级别：

(1) 代码复用：可以采用源代码剪贴、源代码包含和继承来实现。

(2) 设计结果复用：复用某个软件系统的设计模型，适用于软件系统的移植。

(3) 分析结果复用：复用某个软件系统的分析模型，适用于用户需求未改变而系统体系结构变化的场合。

不属于软件复用的范畴：程序的重复运行、执行期间的重复调用等。

软件复用的优点：由于软件复用利用已有的软件成分来构造新的软件，因此大大缩减了软件开发所需的人力、物力、财力和开发时间，并且能提高软件的可靠性和可维护性。

**2. 软件复用技术**

软件复用技术分为两类：合成技术和生成技术。

1) 合成技术

合成技术是指利用部件(component，组件，构件)合成软件系统的技术。部件是可复用的一小段软件(可为二进制形式)，可以是对某一函数、过程、子程序、数据类型、算法等可复用软件成分的抽象，封装了功能细节和数据结构，有详细的接口。

Microsoft 等公司提出了 OLE/COM(object linking embedding/component object model，对象连接与嵌入/组件对象模型)概念，并开发出各种独立的标准组件，用户使用这些组件集成自己的软件，提高了软件的质量，软件维护更加容易，同时降低了软件开发成本。

目前有三个重要的部件技术：

(1) OMG 的 CORBA 技术。

CORBA 技术是异构系统中的分布式部件技术。CORBA(common object request

broker architecture，公共对象请求代理体系结构）是由 OMG（object management group）提出的应用软件体系结构和对象技术规范，其核心是一套标准的语言、接口和协议，以支持异构分布应用程序间的互操作性及独立于平台和编程语言的对象复用。在 1990 年开始制定并且逐步完善部件标准 CORBA 3.0。

（2）Microsoft 的 COM＋技术。

COM＋是微软公司在新的企业应用体系结构下，将 COM、DCOM 和 MTS 统一起来，形成真正适合于企业级应用的部件技术。COM＋容易使人产生误解，以为它是 COM 的新版本，其实 COM＋的含义远比 COM 丰富得多。COM＋是一种中间件技术的规范，其要点是提供建立在操作系统上的、支持分布式企业级应用的“服务”。COM＋是在 20 世纪末随着 Windows 2000 发布才面世的。

（3）Sun 公司 JavaBeans API，基于 Java 的部件技术标准。

有三种方法将部件合成更大的部件：

①连接：标准函数库中的标准函数靠编译和连接程序与其他模块一起合成系统。

②消息传递和继承：Smalltalk。

③管道机制：UNIX 中用管道（pipe）连接命令 shell，使前一命令的输出作为后一命令的输入，用管道机制把多个 shell 命令连接在一起，完成一个更加复杂的系统。

2）生成技术

利用可复用的模式，通过生成程序，产生一个新的程序或程序段，产生的程序可以看成是模式的实例。可复用的模式有两种：代码模式和规则模式。

（1）代码模式：可复用的代码模式存在于应用生成器中，通过特定的参数替换，生成抽象软件模块的具体实体，例如各种程序生成器。

（2）规则模式：利用程序变换系统，把用超高级规格说明语言编写的程序转化成某种可执行语言的程序，例如 IDL-CORBA 的接口定义语言。

## 1.2 软件危机

### 1.2.1 软件危机概述

“软件工程”起因于“软件危机”。20 世纪 60 年代末期出现的软件危机，使软件陷入“泥潭”之中。什么是软件危机？软件危机是指在软件开发过程中遇到的一系列严重问题，如开发周期延长、成本增加、可靠性降低等。

**例 1-1** IBM OS/360 系统有 346 万条汇编语句，1968 年至 1978 年投入 5000 人年，共改 21 版，结果不能使用。

**例 1-2** 1962 年美国飞往金星的探测卫星发射失败，原因是控制系统中的一个 FORTRAN 循环语句 DO 5 I＝1,3 被误写成 DO 5 I＝1.3。由于空格对 FORTRAN 编译程序没有意义，误写的语句被当成了赋值语句 DO 5 I＝1.3，一点之差，使卫星偏离轨道，只好下令引爆，导致 1850 万美元的损失。

```
DO 5 I=1,3
循环体
5 K=X/Y+34.6
```

除了不能正常运行的软件，软件危机还反映在如下几个方面：

(1) 对软件成本、开发成本和开发进度的估计不准确，软件成本在计算机系统总成本中所占的比例逐年上升；

(2) 用户对已完成的软件系统不满意的现象时常发生；

(3) 软件产品的质量往往靠不住；

(4) 软件通常没有适当的文档资料，维护困难；

(5) 软件开发生产率的提高速度远跟不上计算机应用的普及和深入的趋势。

### 1.2.2 软件危机产生的原因

在 1946 年第一台计算机诞生后的很长一段时间里，人们都是用计算机来解决一些“小”问题，编制一些小程序。随着计算机软、硬件的发展，人们用计算机来解决的问题越来越“大”，程序规模也越来越大，而开发大型软件与编制小程序有一定的区别：

(1) 人员。小程序从确定要求、设计、编制、使用直到维护，通常由一个人完成；大型软件则必须由用户、项目负责人、分析员、初级程序员、资料员、操作员等组成开发团队来协同完成。

(2) 文档。小程序是编制者脑中的“产品”，很少有书面文档；大型软件则是集体劳动的“产物”，必须有规范化的文档，便于开发和维护。

(3) 产品。小程序通常是一次性的，如果需做大的修改，则宁可舍弃旧程序而重新编写；但大型软件的开发耗费了大量的人力与物力，所以不可能轻易抛弃，而总是在旧软件的基础上一再改动，以延长它的使用寿命，因此“版本”在不断升级。

大型软件的开发提出了许多新的问题，而开发方法却还停留在编制小程序的方法上，经验和技巧已不能满足开发大型软件的需要，导致软件开发过程混乱；使用的开发方法和技术不当，没有适当的文档，不易交流，维护困难，开发成本高，软件质量低等，这些问题是造成软件危机的主要原因。

### 1.2.3 软件危机的解决方法

以“工程化”的思想来指导软件开发。软件危机使人们认识到，软件的研制和开发不能像以前那样——开发过程混乱、无规范化的文档、个体作坊式的开发，而必须立足于科学理论的基础上，像生产产品、研制一台机器或建造一座楼房那样，以“工程化”的思想来指导软件开发，解决软件开发过程中面临的困难和混乱，从根本上解决软件危机。

从技术上，以软件工程技术、程序设计方法和技术为基础，力求将软件工程与知识工程、人工智能技术结合起来，以构造基于知识的软件开发环境。

从管理上，以管理学为依托，对开发人员、成本、项目、文档等加强管理，对软件开发全过程进行控制。

## 1.3 软件工程

### 1.3.1 软件工程的概念

软件工程是指用工程的概念、原理、技术和方法来开发和维护软件，把经过时间考验证明是正确的管理技术和当前能够得到的最好的技术、方法结合起来，指导计算机软件的开发和维护的工程学科。

软件工程采用的生命周期方法学是指从时间的角度对软件开发和维护的复杂问题进行分解，把软件生存的漫长周期依次划分为若干阶段，每个阶段都有相对独立的任务，然后逐步完成每个阶段的任务。

软件生命周期是指从软件开发项目的提出到软件产品完成使命而报废的整个时期。

软件生命周期划分为三个大的阶段：软件定义阶段，包括问题定义、可行性研究和需求分析三个子阶段；软件设计阶段，包括总体设计、详细设计、编码和测试四个子阶段；软件维护阶段，使软件在运行期间满足用户的需要。

软件生命周期可以用瀑布模型来表示，如图 1-1 所示。

传统的瀑布模型的特点如下：

(1) 阶段间有顺序性和阶段性；

(2) 推迟实现的观点；

(3) 质量保证的观点。

经验表明，越早潜伏的错误越晚发现，纠正错误所花费的代价也越大。因此，及时审查和纠正错误，是保证软件质量、降低软件成本的重要措施。

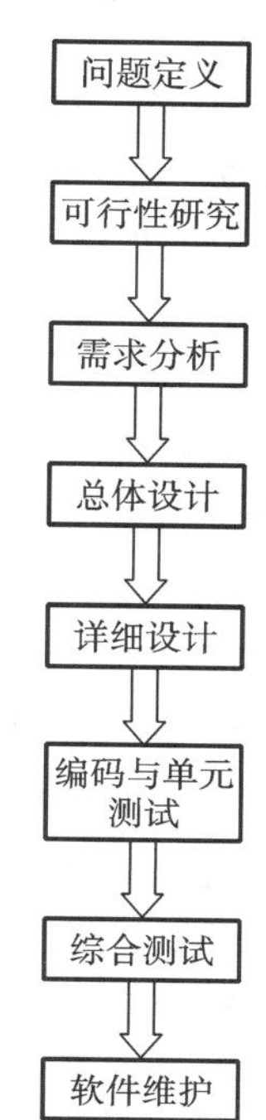


**图 1-1 瀑布模型**

### 1.3.2 软件工程原理

B. W. Boehm 总结出七条软件工程基本原理。

**1. 严格按照计划进行管理**

有人经统计发现，在不成功的软件项目中有一半左右是由于计划不周造成的，可见，把建立完善的计划作为第一条基本原理是吸取了前人的教训而提出来的。

在软件开发与维护的漫长生命周期中，需要完成许多性质各异的工作。这条基本原理意味着，应该把软件生命周期划分成若干个阶段，并相应地制定出切实可行的计划，然后严格按照计划对软件的开发与维护工作进行管理。Boehm 认为，在软件的整个生命周期中应该制定并严格执行六类计划：项目概要计划、里程碑计划、项目控制计划、产品控制计划、验证计划、运行维护计划。不同层次的管理人员都必须严格按照计划各尽其职地管理软件开发与维护工作，绝不能受客户或上级人员的影响而擅自背离预定计划。

**2. 坚持进行阶段评审**

软件的质量保证工作不能等到编码阶段结束之后再进行。这样说至少有两个理由：第一，大部分错误是在编码之前造成的，例如，根据 Boehm 等人的统计，设计错误占软件错误的 63%，编码仅占 37%；第二，错误发现与改正得越晚，所需付出的代价就越大。因此，在每个阶段都进行严格的评审，以便尽早发现在软件开发过程中所犯的错误，这是一条必须遵循的重要原则。

**3. 实行严格的产品控制**

在软件开发过程中不应随意改变需求，因为改变一项需求往往需要付出较大的代价。但是，在软件开发过程中改变需求又是难免的，由于外部环境的变化，相应地改变用户需求是一种客观需要，显然不能硬性禁止客户提出改变需求的要求，而只能依靠科学的产品控制技术来顺应这种要求。也就是说，当改变需求时，为了保持软件各个配置成分的一致性，必须实行严格的产品控制，其中主要是实行基准配置管理。所谓基准配置，又称基线配置，它们是经过阶段评审后的软件配置成分(各个阶段产生的文档或程序代码)。基准配置管理也称变动控制，是指一切有关修改软件的建议，特别是涉及对基准配置的修改建议，都必须按照严格的规程进行评审，获得批准以后才能实施修改。绝对不能谁想修改软件(包括尚在开发的软件)，就随意进行修改。

**4. 采用现代化的程序设计技术**

从提出软件工程的概念开始，人们一直把主要精力用于研究各种新的程序设计技术。20 世纪 60 年代末提出的结构程序设计技术，已经成为绝大多数人公认的先进的程序设计技术。以后又进一步发展出各种结构化分析(SA)与结构化设计(SD)技术。实践表明，采用先进的技术既可提高软件开发的效率，又可提高软件维护的效率。

**5. 结果应能清楚地审查**

软件产品不同于一般的物理产品，它是看不见摸不着的逻辑产品。软件开发人员(或开发小组)的工作进展情况可见性差，难以准确度量，从而使得软件产品的开发过程比一般产品的开发过程更难于评价和管理。为了提高软件开发过程的可见性，更好地进行管理，应该根据软件开发项目的总目标及完成期限，规定开发组织的责任和产品标准，从而使得所得到的结果能够清楚地审查。

**6. 开发小组的人员应该少而精**

这条基本原理的含义是，软件开发小组的组成人员的素质应该好，而人数则不宜过多。开发小组人员的素质和数量是影响软件产品质量和开发效率的重要因素。素质高的人员的开发效率比素质低的人员的开发效率可能高几倍至几十倍，而且素质高的人员所开发的软件中的错误明显少于素质低的人员所开发的软件中的错误。此外，随着开发小组人员数量的增加，因为交流情况、讨论问题而造成的通信开销也急剧增加。当开发小组人员数量为 $N$ 时，可能的通信路径有 $N/2$ 条。可见，随着人员数量 $N$ 的增加，通信开销将急剧增加。因此，组成少而精的开发小组是软件工程的一条基本原理。

**7. 承认不断进行软件工程实践的必要性**

遵循上述六条基本原理，就能够按照当代软件工程基本原理实现软件的工程化生产。但是，仅有上述六条原理并不能保证软件开发与维护的过程能赶上时代前进的步伐，能跟上技术的不断进步。因此，Boehm 提出应把承认不断进行软件工程实践的必要性作为软件工程的第七条基本原理。按照这条原理，不仅要积极主动地采纳新的软件技术，而且要注意不断总结经验，例如，收集进度和资源耗费数据、收集出错类型和问题报告数据等。这些数据不仅可以用来评价新的软件技术的效果，而且可以用来指明必须着重开发的软件工具和应该优先研究的技术。



### 1.3.3 软件开发方法简介

简单介绍三种常用的软件开发方法：结构化方法、快速原型法和面向对象法。

**1. 结构化方法**

结构化方法是指以“结构化”的思想、方法和工具进行软件开发。

“结构化” 是指用一组标准的准则和工具从事某项工作，它最早出自结构化程序设计。

结构化程序设计的基本思想是：只使用顺序、选择、循环三种基本结构来编写程序，它们都是单入口单出口的；使用自顶向下逐步求精的程序设计方法，即利用三种基本结构实现程序结构的连续分解，产生较低层次的结构，直到设计下降到能使用低层伪代码或高级语言中的三种基本语句表达为止。

结构化程序设计是成功的程序设计方法，但不能解决系统的结构问题，更不能解决系统总体模型表达方面的问题。

结构化系统设计原则如下：

（1）一个系统由层次化的程序模块构成；

（2）每个模块只有一个入口和一个出口；

（3）每个模块归其上级模块调用；

（4）应当构造内部联系紧密的模块，降低模块间的联系；

（5）使用系统结构图等图形工具表达系统结构；

（6）结构化设计采用自顶向下的模块化设计方法。

结构化设计并不能对系统分析有帮助。当问题比较复杂，软件规模较大时，系统分析是必不可少的阶段。不论从用户角度还是从系统结构设计角度，都需要有一个逻辑模型定义系统的逻辑功能。

结构化分析是定义系统逻辑模型的一种方法学。结构化方法把软件开发过程分成六个阶段：调查、分析、设计、编码、测试和维护。在分析、设计和编码阶段均采用结构化的思想和工具进行软件的开发，如分析阶段的数据流图、数据字典、实体联系图和状态转移图等，设计阶段的软件结构图、层次图等，编码阶段的结构化编程等。

结构化方法的优点是：简单易学，易交流。

结构化方法的缺点是：它试图在系统建立之前对用户需求进行严格定义或预先加以明确说明，这通常是不切实际的；用户只参加软件开发的软件定义阶段的工作，不易发现开发中的问题，导致维护代价增加；静态的建模工具（文字和图形）缺乏直观的感性认识。

**2. 快速原型法**

原型是系统的早期版本，是系统的物理模型，只实现了系统的一些最基本的功能，反映系统的行为特性，但不一定满足全部需求。快速原型法是在结构化生命周期的编码阶段之前插入一个建立系统原型的阶段。

建立原型分四步进行：

第一步，确定用户的基本需求，而不是全部需求；

第二步，建立一个工作原型；

第三步，试用原型；

第四步，修改和补充原型。

原型要求快速建立，通常只有几周时间，所以称这种方法为快速原型法。快速原型法的优点如下：

（1）容易理解和沟通，有一个可以“运行”的物理模型；

（2）通过与原型交互，用户可以及早发现需求中的问题；

（3）开发人员可以检查设计的可行性，可以在详细设计目标系统之前较容易地改正原型设计的问题。

总之，快速原型法缩短了软件开发周期，降低了开发和维护费用，也提高了用户的满意度。

快速原型法需要有快速地建立系统原型的工具，其中包括超高级语言。

**3. 面向对象法**

结构化方法和快速原型法使用的核心技术是结构分析与设计技术。结构化方法和快速原型法存在的缺陷是：软件的稳定性、可修改性和可复用性比较差。此缺陷产生的原因是：

(1) 结构分析与设计技术的本质是功能分解。

开发人员是围绕实现处理功能的“过程”来构造系统的，而用户需求的改动大部分是针对功能的，这必然引起软件结构的变化。

(2) 严格地定义了目标系统的边界。

很难把这样的系统扩展到新的边界，系统较难修改和扩充。

(3) 把处理分解成子处理的过程有些任意性。

不同的开发人员开发相同的系统时，可能经分解而得出不同的软件结构。

(4) 开发出的软件复用性较差，或不能实现真正意义上的软件复用。

基于上述种种因素，诞生了一种新的软件开发方法——面向对象法(object oriented，OO)。

面向对象法是指尽可能模拟人类习惯的思维方式，使软件开发方法与过程尽可能地接近人类认识世界解决问题的方法与过程。其最主要的特征之一是整个生命周期使用相同的概念、表示法和策略，即每一件事都围绕对象进行。

面向对象法有以下几种：

1) 面向对象分析(object oriented analysis，OOA)

OOA是软件开发过程中的问题定义阶段。它从对问题的初始陈述开始，运用应用领域知识来识别该领域中的物理实体和概念，提取出对象，分析对象之间存在的相互关系，最后建立系统模型。

系统模型描述了系统的对象结构，是对问题论域精确、清晰的定义。

2) 面向对象设计(object oriented design，OOD)

OOD决定如何将系统组织成子系统，每个子系统分成更小的子系统。较低层的子系统称为模块。一个遵循对话独立性原则的交互软件系统常分成用户界面和应用功能核心两个子系统。面向对象系统的控制结构方式可以是过程驱动、事件驱动或共行方式。

3) 面向对象程序设计(object oriented programming，OOP)

OOP将OOD的结果用一种程序设计语言实现。通常总是选择一种面向对象的程序设计语言。

## 1.4 软件工程环境



软件开发手段经历了从手工编码到使用支撑软件产品的自动化软件工具的变迁。现在，从软件的开发、运行到维护，各阶段都有软件工具，这些工具形成了现代化软件工程环境的基础。软件工具是指可以用来帮助开发、测试、分析、维护其他计算机程序的程序以及文档资料的集合，它可以实现软件生产过程自动化，提高软件的生产率、可靠性，降低软件的生产成本。软件工具在各种状况下都能被简单、方便地使用，能给软件的开发带来极大的方便。大型软件生产所使用的软件工具是一种自动化系统，包括需求分析工具、设计工具、编码工具、确认工具、维护工具等。

需求分析工具能够辅助系统分析员把用户所提出的含糊的用户说明，经过分析及一致性、完备性检查后，快速生成指导系统设计用的需求规格说明书及其相应的文档资料。

设计工具能够依据输入的需求规格说明，自动设计出一系列软件设计文档，如软件结构说明、模块接口说明等。

编码工具的主要功能是输入设计阶段产生的文档，自动生成特定语言编制的程序，如各种应用程序生成器等。

尽管软件工具种类繁多，形式多样，但都只是用于软件生存周期中的某一个阶段或某一个环节，而不能对整个生命周期有效。为了能够对软件整个生命周期提供支持，于是出现了软件工程环境的新课题。软件工程环境（software engineering environment，SEE）是指用以支持需求定义、程序生成，以及软件维护等整个软件生命周期全部活动的，并把方法、规模和计算机程序集成在一起的整个体系。软件工程环境又称为软件开发环境、软件支撑环境、自动开发环境等。

软件工程环境的全部需求可以概括为：

（1）应该是集成化的系统；

（2）应该是通用的系统；

（3）应该是既可剪裁又可扩充的系统；

（4）应该是实用的、经济合算的系统。

近几年，软件工程领域出现了一种新趋势，即将软件工程方法、工具与环境方面的新技术同形式化语义理论有机地结合起来，形成高水平的计算机辅助软件工程（computer aided software engineering，CASE）系统，标志着软件开发技术的发展进入一个新阶段。CASE 系统可以帮助开发人员执行许多和软件开发有关的艰苦工作，包括对各种计划、合同、规格说明、设计、源代码和管理信息之类的文档进行组织。可以说，CASE 系统可以对软件生产过程的每一步提供辅助手段。

## 习　　题

1-1　什么是软件危机？软件危机的解决方法是什么？

1-2　什么是软件工程？

1-3　软件生命周期划分成哪些阶段？

1-4　传统的“瀑布模型”的主要缺陷是什么？试说明改进的方法。

1-5　什么是软件复用？软件复用包括哪几个层次？

1-6　什么是软件工程环境？软件工程环境的需求有哪些？

# 第2章 需求分析工程

需求分析是软件开发过程中最重要的阶段，如果不清楚系统"做什么"，也就谈不上"怎么做"。把需求当作一项工程，足见需求分析的重要。

## 2.1 需求分析工程概述

**1. 问题的引出**

软件危机引起人们对需求分析的重视。以下五个事实说明了这一点：

(1) 在软件生命周期中，一个错误发现越晚，修复错误的费用越高。

(2) 许多错误是潜伏的，且在错误产生后的很长一段时间才被检测出。

(3) 需求分析中会产生大量的错误。

(4) 需求分析中的错误多为疏忽、不一致和二义性。

(5) 需求错误是可以被检测出来的。

因此，有必要将需求过程上升为需求分析工程。

**2. 需求分析工程的概念**

需求是一个待开发软件中各个有意义陈述的集合，它必须是清晰的、简洁的、一致的和无二义性的。

需求分析工程是指应用已证实有效的原理、方法，通过合适的工具和记号，系统地描述待开发软件及其行为和相关约束。

需求分析工程的最终目标是得到待开发软件的系统模型，它必须是清晰的、易于理解的、一致的和无二义性的。

模型是对现实系统的描述，是现实系统的抽象和简化。原型是系统的早期版本，是系统的物理模型，只实现了系统的一些最基本的功能，反映系统的行为特性，但不一定满足全部需求。

**3. 需求分析工程中的角色**

需求分析工程会涉及三方面的人员，如图 2-1 所示。

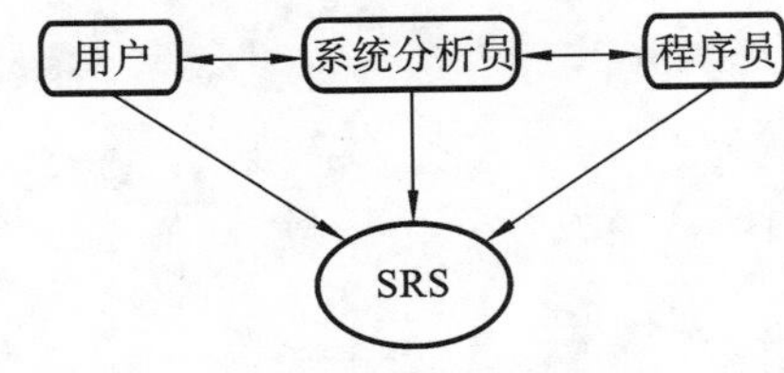


图 2-1　需求分析工程中的角色

(1) 需求方：对软件开发起决定作用的一方，可以是个人或企业等，是需开发软件者，不一定是最终用户。

(2) 系统分析方(系统分析员)：对待开发软件的需求进行详细描述，与开发方不一定是同一个企业(代理、趋势)。

(3) 开发方：构造系统者，如设计员、编程员和项目管理员。

## 2.2 需求分析工程的步骤

需求分析工程有四个步骤：

(1) 需求获取；

(2) 需求分析；

(3) 编写需求规格说明书(SRS)；

(4)验证。

需求分析工程即包括这四个方面的工作。

**1. 需求获取**

主要工作：收集信息(功能要求、非功能要求)、理解需求(弄清需求、澄清概念)、归纳整理(保留合理需求，抛弃不可能的需求)。

需求获取的困难之处：误解、交流障碍、缺乏共同语言、需求不完备、需求不稳定、用户意见不统一、错误的要求、认识混淆等，都会影响需求的获取。

解决方法：仔细研究需求，分析资料，深入进行市场调查，多与用户沟通，请教应用领域专家，考察现场等。

**2. 需求分析**

需求获取后，必须对需求进行分析。其目的是细化、精化软件的作用范围，确定软件的功能、性能、约束、环境等。从两个方面分析用户的需求：功能性需求和非功能性需求。

功能性需求是指系统必须完成的所有功能，而非功能性需求包括四个方面：性能要求、运行要求、未来要求、数据要求。性能要求是指如联机系统的响应时间、系统需要的存储容量以及系统的健壮性和安全性等方面的要求。运行要求是指系统运行所需要的软、硬件环境。未来要求是指系统将来可能的扩充要求、可复用性、可移植性等。数据要求是指系统所要处理的数据以及它们之间的联系。

**3. 编写需求规格说明书(SRS)**

需求分析工程最重要的结果是需求规格说明书。编写需求规格说明书的指导性原则如下：

(1) 从实现中分离功能，即描述“做什么”，不必描述“怎么做”；

(2) 要求有一个面向处理的系统规格说明语言，以描述系统级的动态行为；

(3) 必须对以该软件为元素的系统进行说明，以描述清楚系统各元素之间的关系；

(4) 必须对系统的运行环境进行说明，以保持系统接口描述的一致性；

(5) 必须是认识的模型而不是实现的模型，即必须以用户能够接受和理解的形式进行描述，将实际规则、条例组合到规格说明中；

(6) 必须是可操作的；

(7) 必须可容忍不完备性和可修改性；

(8) 必须局部化和松散耦合，使信息发生变化时只有唯一的一个片段(理想情况下)需要修改。

**4. 验证**

验证即是对需求分析工程的结果——SRS进行评审，纠正错误，弥补缺陷，以保证SRS的质量。从以下几个方面评审：正确性、无二义性、完整性、可验证性、一致性、非计算机人员能理解、可修改性、可跟踪性、注释。

正确性是指 SRS 中对需求的描述与用户要求一致。无二义性是指 SRS 中陈述的事情有且仅有一种解释。完整性是指包含软件要做的全部事情，注明系统对有效和无效输入的反应，注明页码、图和表等的编号。可验证性是指存在技术和经济上可行的手段对需求进行验证和确认。一致性是指术语、特性和定时等的一致，不矛盾。非计算机人员能理解是指形式化和非形式化的矛盾。可修改性是指是否方便修改。可跟踪性是指每个需求的来源和流向清晰。注释是指向用户和设计者给出提示。

## 2.3 需求分析技术

需求分析技术有：①结构化分析技术(SAT)；②结构化分析与设计技术(SADT)；③面向对象技术(OOT)；④时序图；⑤有限状态机(FSM)；⑥Petri 网等。④、⑤、⑥用于(控制)系统动态分析。

### 2.3.1 时序图

时序图可以描述系统中处理事件的时序与相应的处理时间。图 2-2 中事件 $e$ 被功能 1、功能 2 和功能 3 处理的时间共为 $T_1+T_2+T_3$，功能间的切换时间为 0。

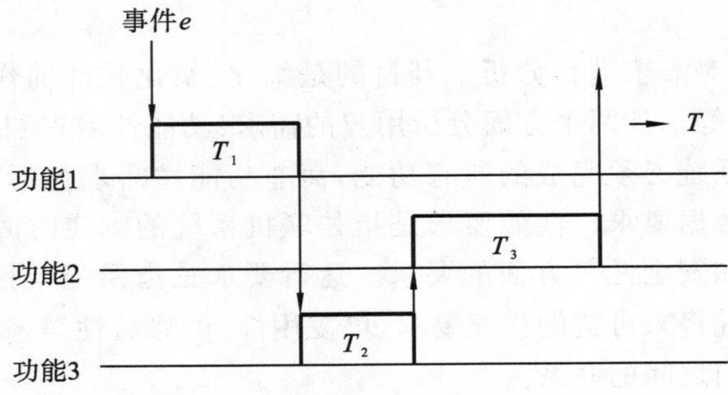


**图 2-2 时序图例**

图 2-3 采用扩充时序图表示进程间的通信流，可以用于分析几个事件的交错执行。做出如下分析：必须设计成 HOST1 在等待 $C_1$ 的应答 $R_1$ 期间要能够接收从 HOST2 发出的命令 $C_2$。

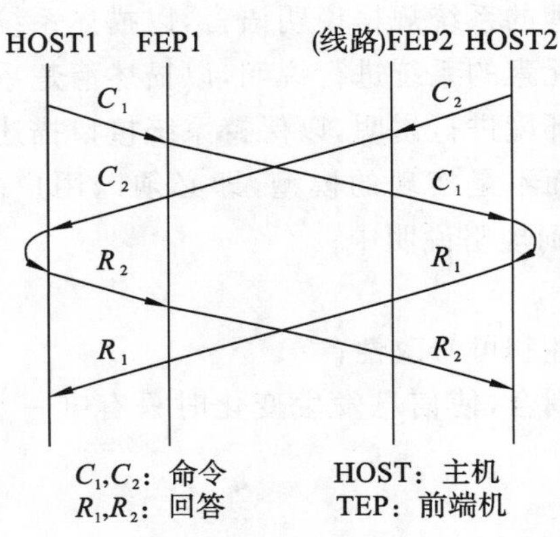


**图 2-3 通信流图例**

## 2.3.2 有限状态机

### 1. 基本模型

有限状态机(finite state machine,FSM)是一种以描述控制方面特性为主的建模方法。FSM 应用于软件生存周期的所有阶段。FSM 描述如下:①一个有限的状态集合 $Q$;②一个有限的输入集合 $I$;③一个变迁函数 $\delta: Q \times I \rightarrow Q$ 是一个状态函数。在某一状态下,给定输入后,FSM 转入该函数,产生新的状态。

FSM 用有向图表示如图 2-4 所示。

(1) 顶点:表示状态。

(2) 有向边:表示状态的变迁,从弧尾状态向弧头状态变迁。

(3) 边上的值:表示在该值的输入下状态发生变迁。

图 2-4 中有四个状态 $q_0$、$q_1$、$q_2$、$q_3$,输入集有三个元素 $a$、$b$、$c$。变迁函数 $\delta(q_1, a) = q_2$ 表示在输入值 $a$ 下状态 $q_1$ 转变为状态 $q_2$。

FSM 在需求分析中的作用是:描述系统内状态以及状态之间的转换。

**例 2-1** 画出化学反应控制系统的 FSM。

**解** 问题描述:某化工设备中的一个控制部件,安全考虑,要观察和控制生产中温度和压力,故安装一些传感器。当某个传感器测量到的温度和压力中有一个超过安全值时就报警和关闭该装置,正常后手工重新启动。

解题分析:状态为开、关,输入为高温、高压、启动,如图 2-5 所示。

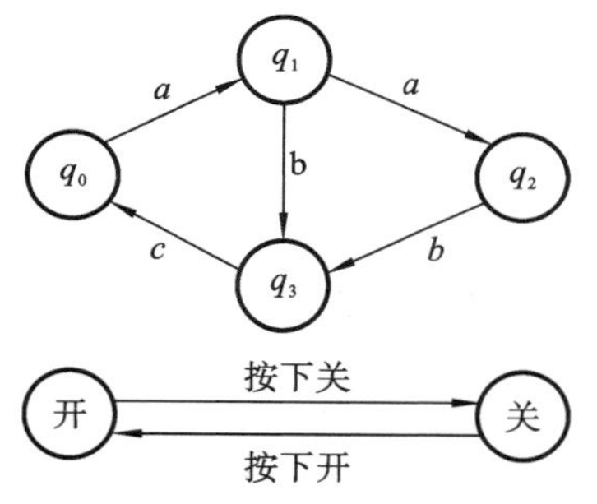


图 2-4 有限状态机

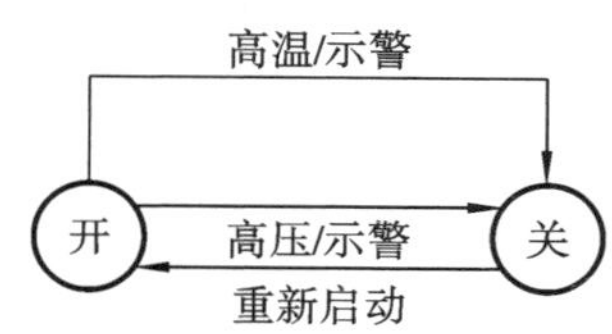


图 2-5 系统的有限状态机

根据分析,系统的有限状态机可以进行改进,如图 2-6 所示。

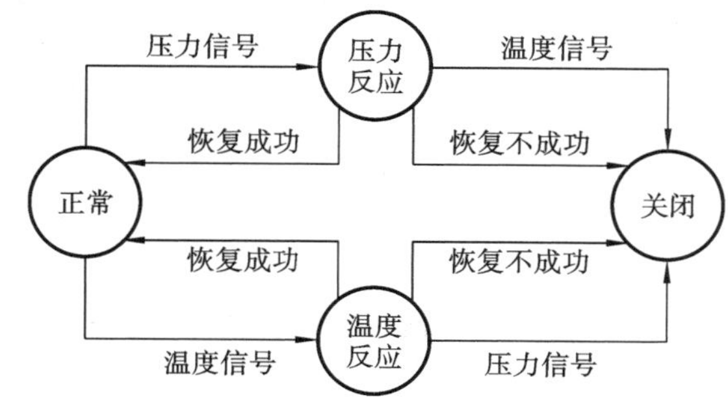


图 2-6 系统改进后的有限状态机

**2. FSM 存在的问题**

1）"计算能力"有限

FSM 最大的优点是简单，但系统复杂时其"计算能力"就有限了，因为它只能存储有限的状态。当状态很多（无限）时，就无法用 FSM 建模。

改进办法：

(1) 简化：放弃系统的细节。

(2) 转换：改用其他模型或用 FSM 的变形。

(3) 扩充：增加新特性，扩充 FSM 的能力。

2）复合增长问题

**例 2-2** 生产者和消费者问题。

三个分离的 FSM，合并（复合）后的 FSM 有十二个状态。<1，$P_1$，$C_2$>状态表示缓冲区有一个消息，生产者进程处于 $P_1$ 状态，消费者进程处于 $C_2$ 状态。当缓冲区容量增加后，合并后的 FSM 的状态将增加，规模增大，无法完成分析，出现复合增长问题。另外，FSM 是同步模型，不能描述异步。图 2-7 所示为描述生产者-消费者系统的分离的有限状态机，图 2-8 所示为描述生产者-消费者系统的完整的有限状态机。

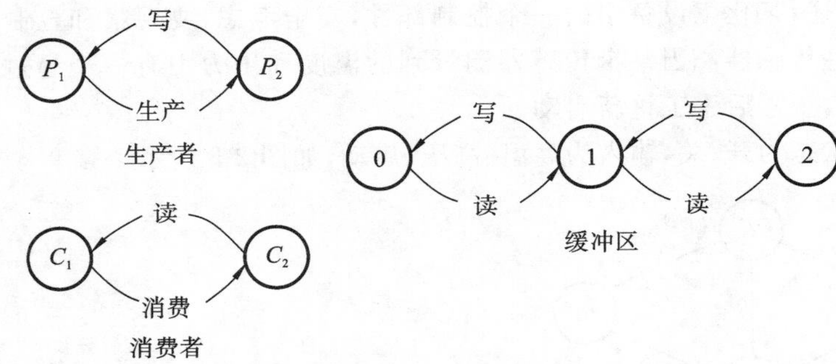


**图 2-7 描述生产者-消费者系统的分离的有限状态机**

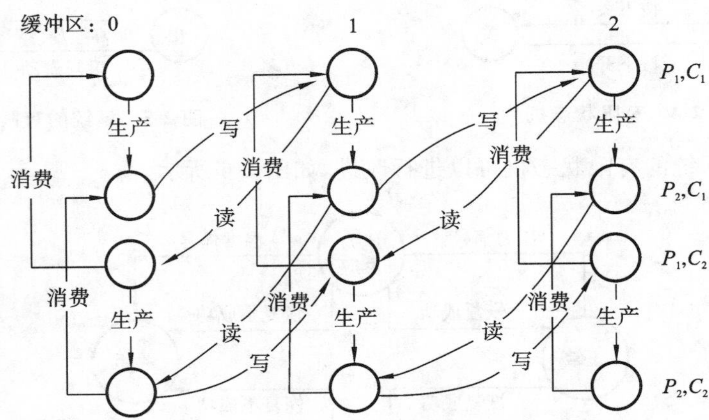


**图 2-8 描述生产者-消费者系统的完整的有限状态机**

## 2.3.3 Petri 网

**1. Petri 网概述**

Petri 网的思想在 1962 年由德国人 C. A. Petri 提出，Peterson 详细定义和描述。Petri

提出该网的目的是用它来表达异步系统的控制,但现在该网已广泛用于硬件和软件系统的开发和各种系统的模型化。它适用于描述与分析并发执行的处理系统——相互独立、协同操作的处理系统,在软件分析与设计阶段都可使用。

**2. Petri 网的基本理论**

Petri 网简称 PNG(Petri net graph),是一种有向图,如图 2-9 所示,它有两种结点。

(1) 位置(库所)○:表示系统的状态或使系统工作的条件。

(2) 转移(变迁)—或|:表示系统中的事件。

(3) 有向边:表示对转移的输入或由转移输出。

①符号→|:表示事件发生的前提,即对转移(事件)的输入。

②符号|→:表示事件的结束,即由转移(事件)输出。

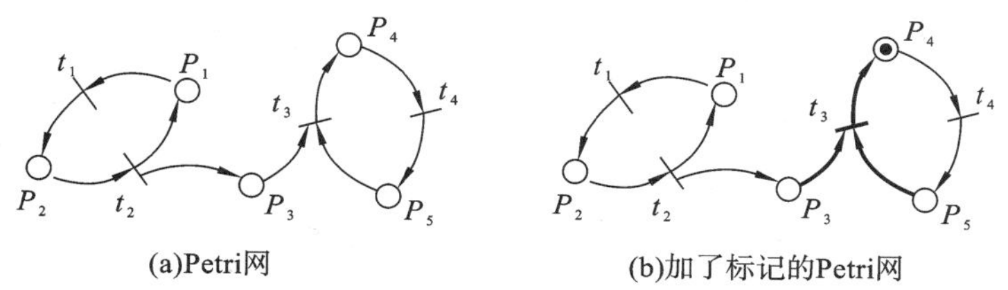


**图 2-9 处于静止状态的系统**

将转移的启动称为激发(fire),它是转移的输出。只有作为输入的所有位置(库所)的条件都满足时(“使能”)才能引起激发。为了描述系统的动态行为,引入标记或令牌(token)(黑点),表示处理要求的到来,如图 2-9(b)所示。例如,$P_3$ 和 $P_5$ 出现了标记,表示它们有了处理的要求,即转移 $t_3$ 激发的条件已经具备,转移 $t_3$ 激发。执行的结果是,$P_3$ 和 $P_5$ 的标记移去,转移到 $P_4$ 上。标记在 PNG 上移动,就出现了“状态的迁移”,如图 2-10 和图 2-11 所示。

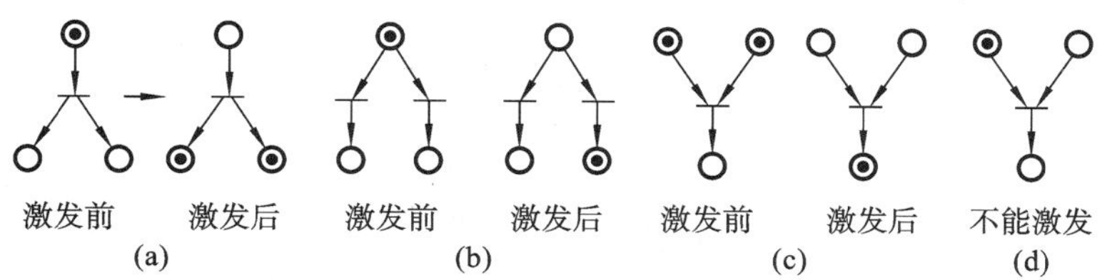


**图 2-10 状态迁移图**

并行系统模型可以用 Petri 网描述。

1) 冲突

图 2-12 中存在两个独立的动作流,共享一个公共资源($P_3$)。两个动作流中只有一个获得资源并被激发,而哪一个获得是不确定的,称这种情况为两个转移(变迁)是冲突的。

2) 饿死

图 2-12 中左边的动作流总竞争到资源而不断执行,右边的进程将“饿死”。

3) 冲突和资源竞争的调整

图 2-13 中,在 $P_3$ 中设有两个标记(两个共享资源),则 $t_3$ 和 $t_4$ 就不会发生冲突和资源竞争,可以并发执行。

4) 死锁

执行序列$<t_1,t_3',t_2,t_4'>$将死锁,如图 2-14 所示,Petri 网能够很好地描述该模型。

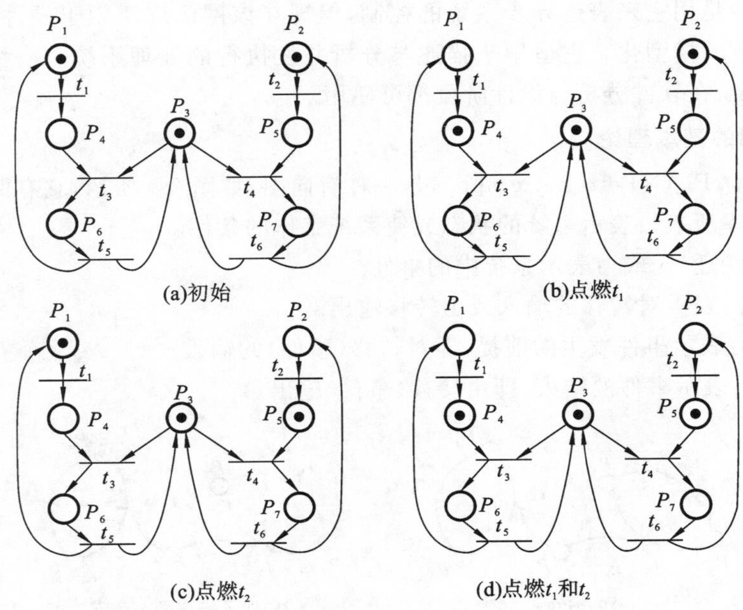

(a)初始　(b)点燃$t_1$

(c)点燃$t_2$　(d)点燃$t_1$和$t_2$

图 2-11　Petri 网的变迁

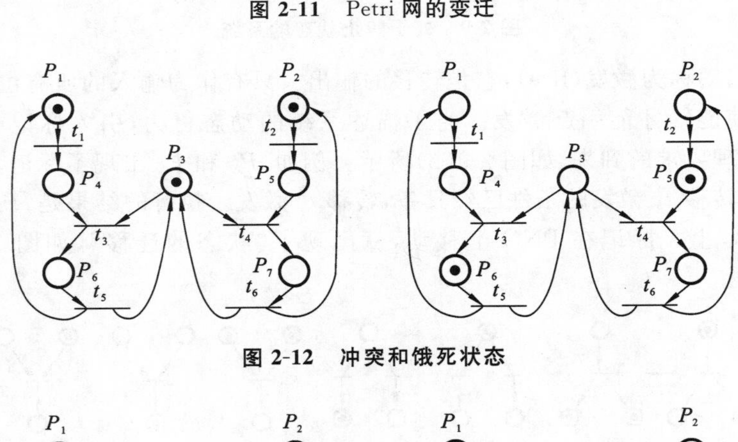

图 2-12　冲突和饿死状态

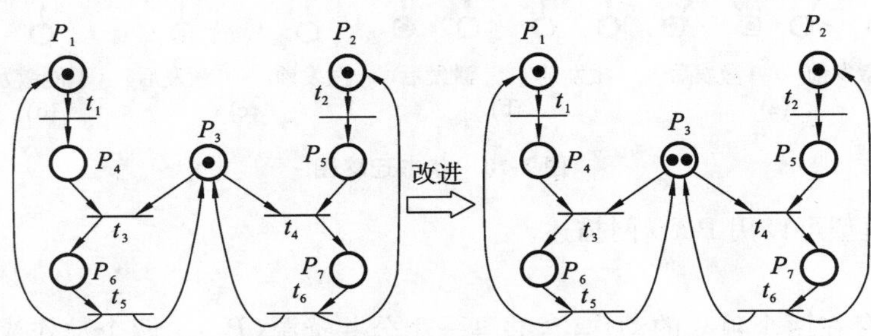

图 2-13　冲突和资源竞争的调整

**3. 示例——生产者和消费者**

Petri 网能解决 FSM 存在的问题。

Petri 网状态空间复杂度是各子系统的状态数相加，而 FSM 是相乘的关系，如图 2-15 所示。

FSM 不能描述异步问题，但 Petri 网可以描述异步问题，如图 2-16 所示。

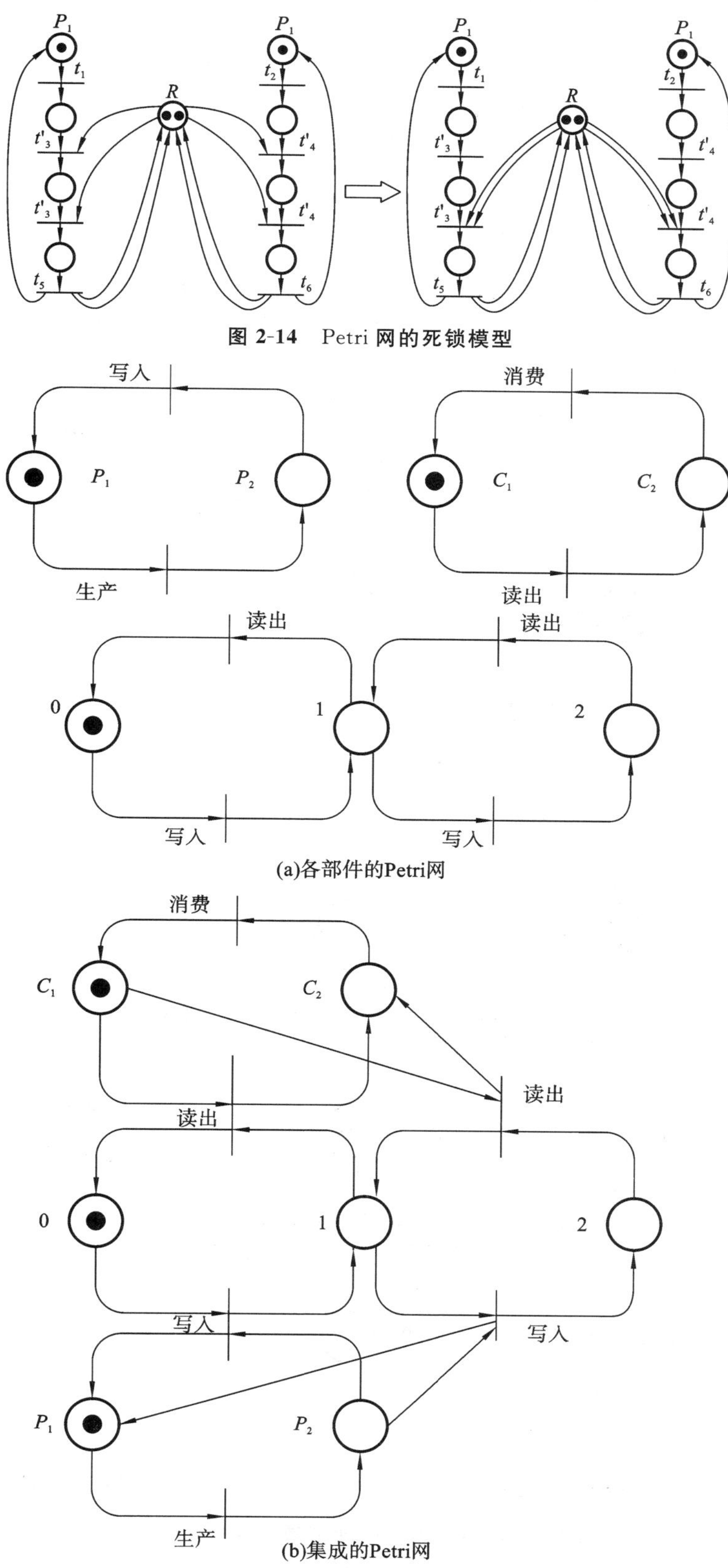


图 2-14 Petri 网的死锁模型

(a)各部件的Petri网

(b)集成的Petri网

图 2-15 描述生产者-消费者系统的 Petri 网

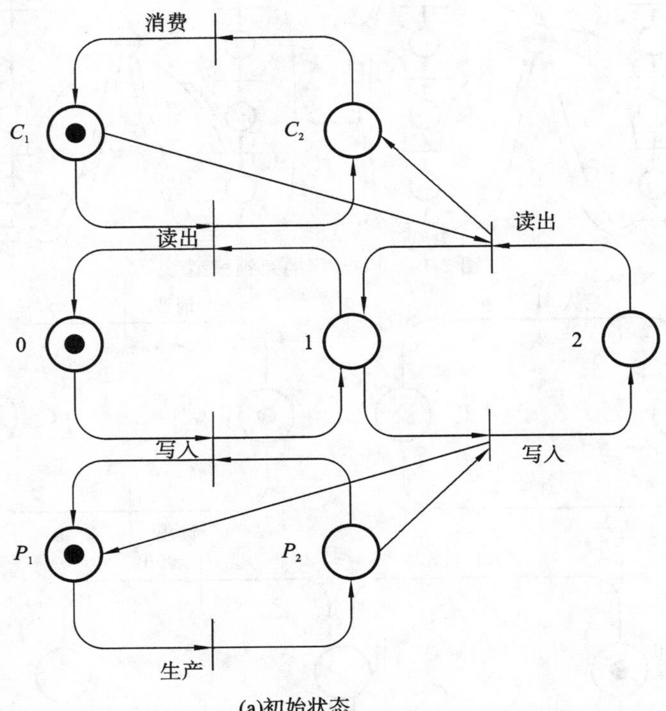


(a)初始状态

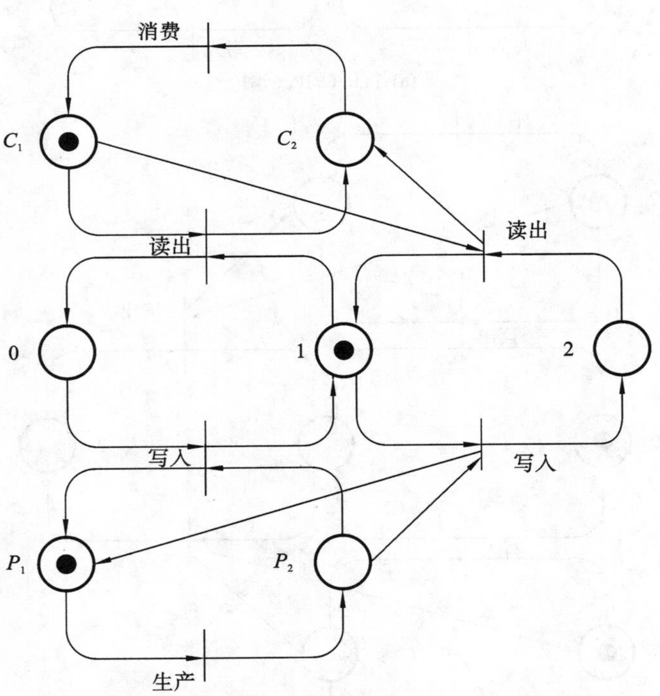


(b)<生产，写入，生产，读出，消费，写入，读出，消费>

**图 2-16　描述生产者-消费者系统的集成的 Petri 网**

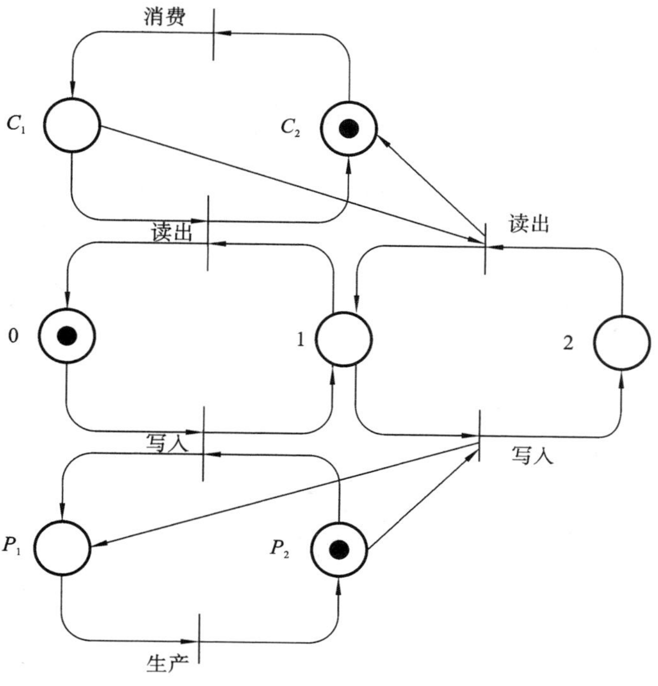


(c)<生产，写入，生产，读出，消费，写入，读出，消费>

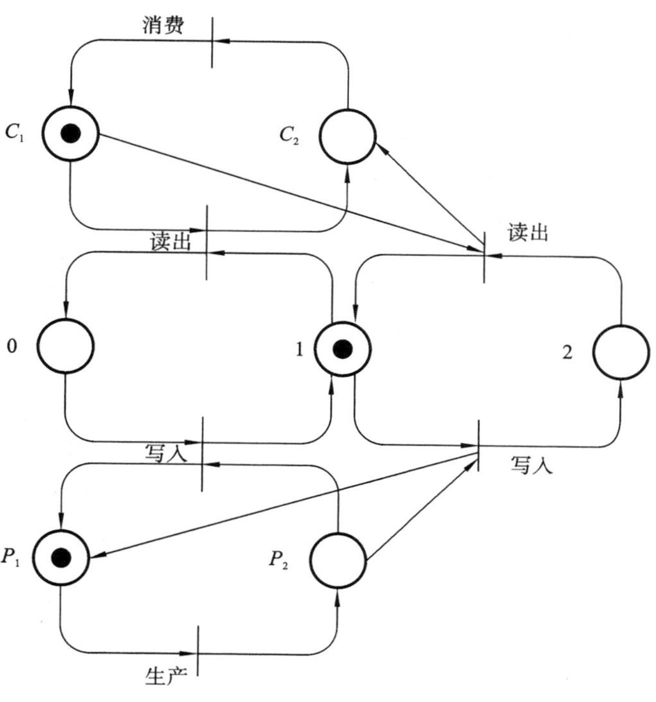


(d)<生产，写入，生产，读出，消费，写入，读出，消费>

**续图 2-16**

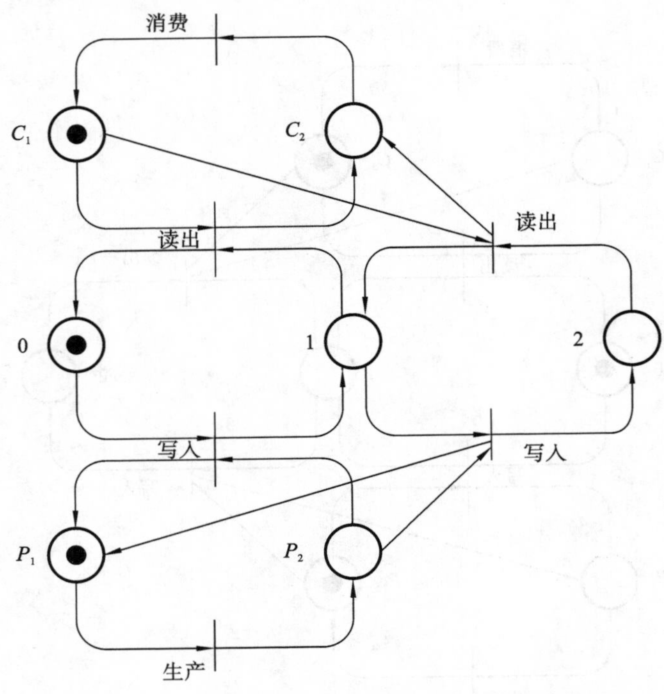


(e)<生产，写入，生产，读出，消费，写入，读出，消费>

**续图 2-16**

**4. Petri 网的局限性及扩展**

1) 令牌缺乏表示信息内容的能力

令牌只能表示动作控制的流向，无法表达信息的内容。

图 2-17 所示为转发消息。若消息形式正确（消息中含偶数个 1），则消息从通道 1 转发；若消息形式不正确（消息中含奇数个 1），则消息从通道 2 转发。

但是，令牌并未表达消息的内容和数值，因此，无法确定向哪个通道转发。

对 Petri 网进行扩展，使令牌可以携带适当类型的值，以改善令牌缺乏表示信息内容的能力。准备好元组（令牌的值满足谓词要求的元组）。

图 2-18 中令牌被赋值整数。

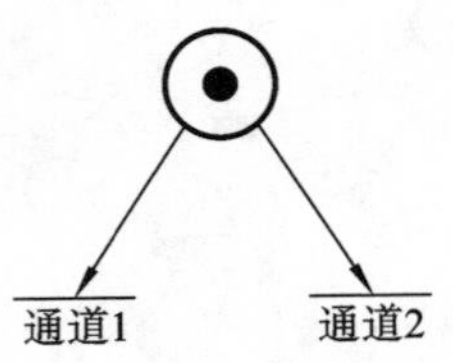


**图 2-17　转发消息**

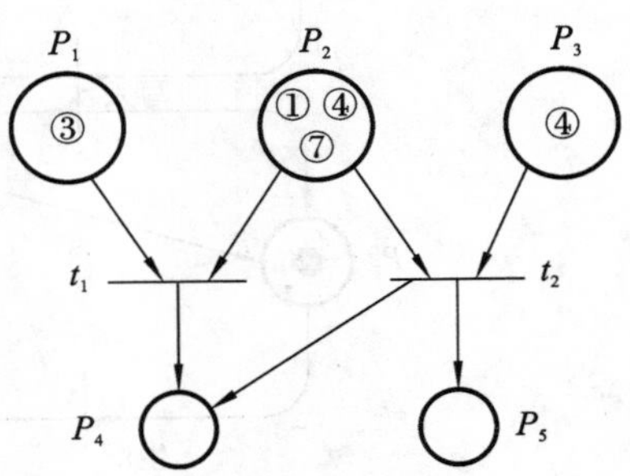


**图 2-18　令牌赋值的 Petri 网**

$t_1$的谓词逻辑：$P_2 > P_1$，$P_4 := P_1 + P_2$。

$t_2$的谓词逻辑：$P_3 = P_2$，$P_4 := P_3 - P_2$。

$P_5 := P_3 + P_2$。

$t_1$有两个准备好元组：＜3，7＞，＜3，4＞。

$t_2$有一个准备好元组：＜4，4＞。

若用＜3，4＞激发 $t_1$，则 $t_2$ 变为非“使能”；若用＜3，7＞激发 $t_1$，则可以用＜4，4＞激发 $t_2$。

扩展方案同样可解决通道选择问题。

2）缺乏描述选择“使能”变迁的策略

存在激发序列＜$t_1$，$t_3$，$t_5$＞无限循环，而＜$t_2$，$t_4$，$t_6$＞被“饿死”，原因是 Petri 网不能描述选择策略。

修改 Petri 网，强制它使用一种选择策略，避免 $t_3$ 在 $t_4$ 激发之前激发两次。但在一般情况下 Petri 网无力描述选择策略，而不确定的 Petri 网是不实用的。

可以对 Petri 网进行扩展，使转移带一定的优先级。如果存在多个转移处于“使能”状态，则只有最大优先级的转移被激发，如图 2-19 所示。

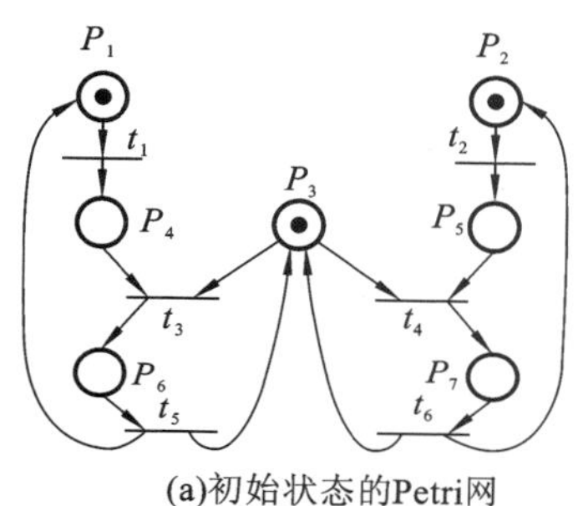

(a)初始状态的Petri网

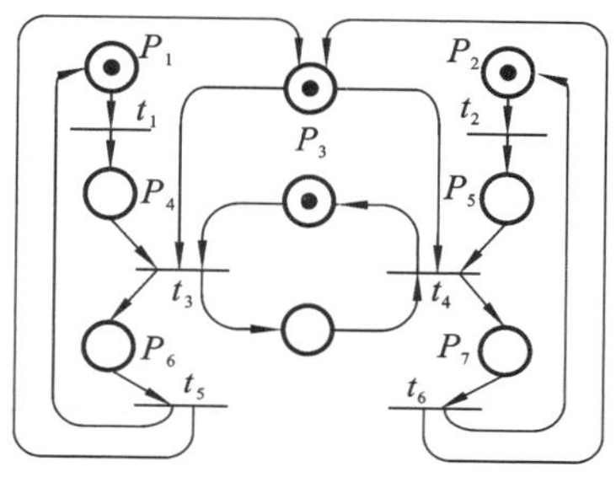

(b)修改后的Petri网

**图 2-19　初始状态的 Petri 网和修改后的 Petri 网**

3）定时问题

Petri 网不能描述有定时要求的计算问题，而很多系统的定时问题则很重要。图 2-20 所示的 Petri 网可能存在定时问题，但它不能表达出来。比如，要求 $t_2$ 在 $t_3$ 之前被点燃，Petri 网不能表达出来。对 Petri 网进行扩展，将时间序对＜$t_{\min}$，$t_{\max}$＞与变迁关联，则可解决 Petri 网的定时问题。

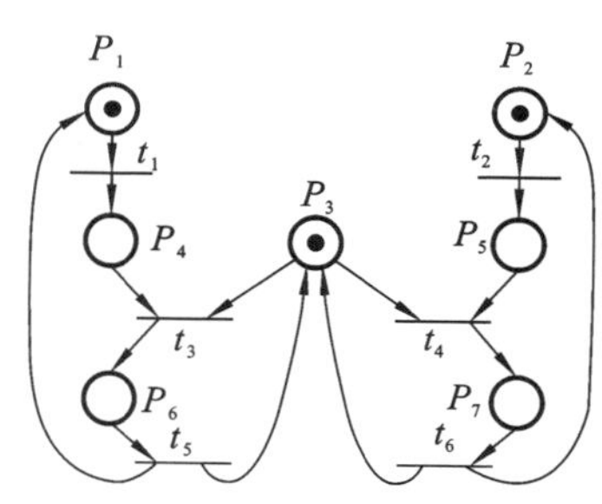

**图 2-20　Petri 网**

如图 2-21 所示，时间 Petri 网的思想是：即使一个变迁处于使能状态，它也必须经过 $t_{\min}$ 后才能被点燃，且必须在 $t_{\max}$ 之前。

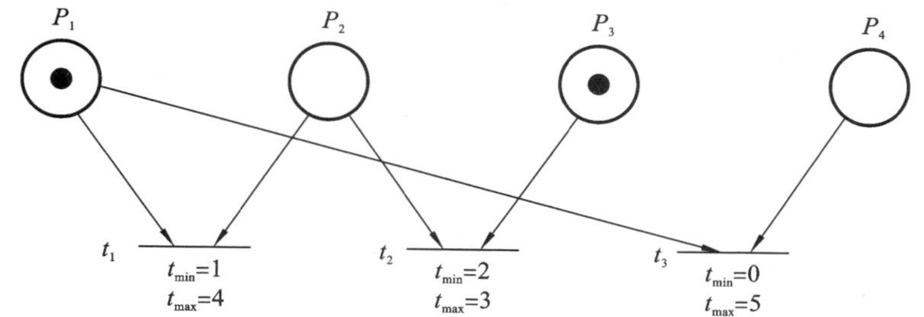

**图 2-21　时间 Petri 网**

若 $P_2$ 中获得一个令牌，$t_1$ 和 $t_2$ 都有可能被点燃，但只能点燃一个；$P_4$ 中获得一个令牌，$t_1$

和 $t_3$ 都有可能被点燃，但只能点燃一个。

加上时间序对的 Petri 网称为时间 Petri 网。若将时间 Petri 网中的变迁与优先级关联，则可更加详细地描述系统的定时问题，如图 2-22 所示。

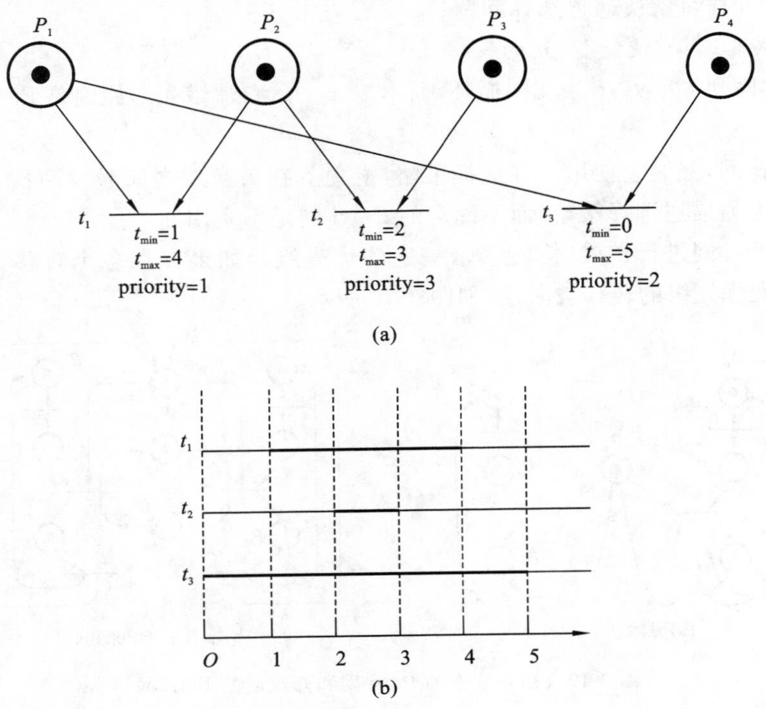


图 2-22　时间 Petri 网

若 $P_2$ 中获得一个令牌，则 $P_4$ 中获得一个令牌。

下面是时间 Petri 网示例，如图 2-23 所示。

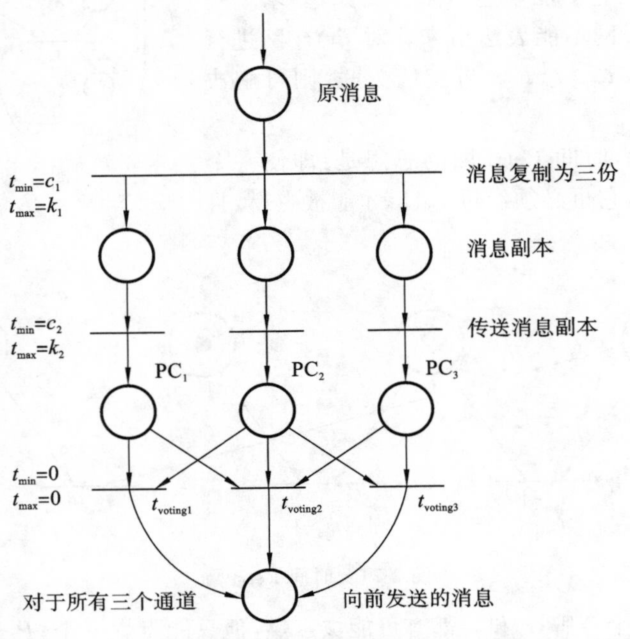


图 2-23　通过增强 Petri 网来形式化消息复制和选择机制

(1) 问题描述。

消息被复制为三份，三份复制的消息必须经过三个不同的物理通道转发，而接收端至少接收到三个消息中的两个相同的复制的消息才认为转发成功，并接受该消息。

(2) 建模。

一旦发现消息的两个复制相同，便立即接受该消息。

$t_{voting1}$ 的逻辑谓词：$PC_1 = PC_2$。

$t_{voting2}$ 的逻辑谓词：$PC_1 = PC_3$。

$t_{voting3}$ 的逻辑谓词：$PC_2 = PC_3$。

图 2-24 形式化地表示了需求的另外一个不同的解释。此方案要求所有的消息都到达以后才进行判断，决定接受什么消息。

$t_{voting}$ 的逻辑谓词：$PC_1 = PC_3$ 或 $PC_2 = PC_3$。

$t_{voting}$ 的函数：

```
if PC1=PC3   then PC1
elseif PC2=PC3   then PC2
elseif PC1=PC3   then PC1
else ERROR
```

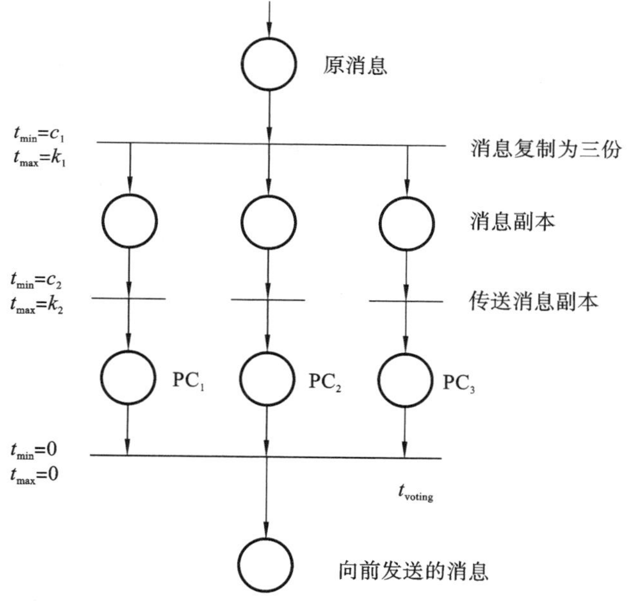


**图 2-24　对于消息复制和选择机制的描述**

### 5. Petri 网用于系统分析——电梯控制系统

设计和实现一个系统，用于控制一个高层建筑中电梯的运行，要求必须高效、合理地调度电梯。电梯控制系统如图 2-25 所示。

1) 问题描述

一个有 $m$ 层的建筑中有 $n$ 部电梯，其控制规则如下。

(1) 每部电梯都有一系列的按钮，每层对应一个按钮。如果按下一个按钮，则该按钮就点亮，并且使电梯运行到相应的楼层。

(2) 每一层都有两个按钮(UP 和 DOWN)，按下后按钮要点亮。电梯到达相应楼层后，

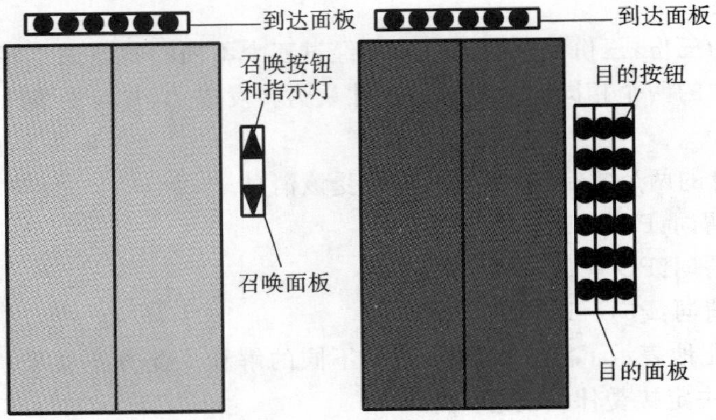

到达面板
召唤按钮和指示灯
召唤面板
(a)从电梯门外看电梯
到达面板
目的按钮
目的面板
(b)从电梯门内看电梯

图 2-25 电梯控制系统

该楼层的按钮将熄灭;同时,或者在请求服务的方向上继续运行,或者不再有未完成的请求。如果两个按钮都被按下,那么有一个相应的按钮将熄灭。控制算法会决定应该先对哪一个请求进行服务,并在最少的等待时间内使两个请求都获得服务。

(3) 如果一部电梯没有任何请求需要服务,那么就停在最后一次服务的目的地,关闭电梯门,等待下一次服务请求。

(4) 所有楼层发出的所有要求电梯服务的请求最终都要获得服务,所有的楼层具有相同的优先级。

(5) 所有在电梯内发出的请求最终都要获得服务,而且按照电梯运行的顺序进行服务。

(6) 每一部电梯的内部都有一个紧急情况按钮,按下它电梯就会向电梯管理员发出一个报警信号,这部电梯就会被认为"终止服务"。每一部电梯都有一种机制使电梯脱离"终止服务"状态。

2) 初步分析

(1) 对说明缺省知识的补充。

"每一层都有两个按钮。"(召唤面板)

(2) 分清模糊不清的含义。

"电梯到达相应楼层后,该楼层的按钮将熄灭。"

(3) 查出不严密处。

"控制算法会决定应该先对哪一个请求进行服务,并在最少的等待时间内使两个请求都获得服务。"

3) 电梯控制系统的简单模型

电梯控制系统的简单模型如图 2-26 所示。该模型太简单、太抽象,也存在一些问题,如描述不全面、存在一些错误。但它揭示了电梯位置和决定电梯运动的事件,可以此为起点,通过细化(或分解)来得到系统的完整模型。

4) 电梯控制系统的 Petri 网模型

(1) 构造策略。

需求分析的常用手段为:分解和抽象。

将电梯控制系统分解成一系列模块,每个模块用 Petri 网描述,如图 2-27 所示。

(2) 系统描述结构。

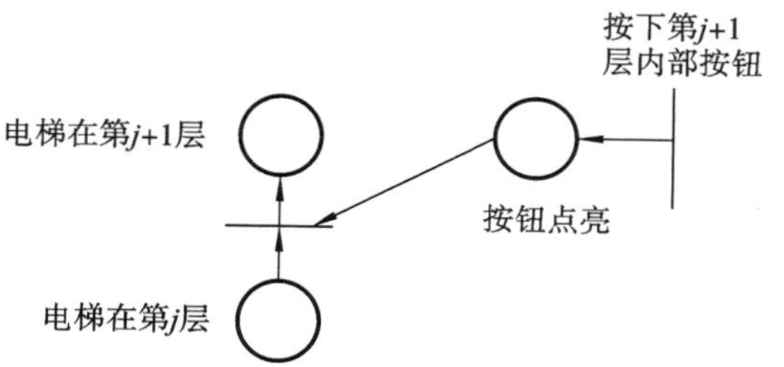


图 2-26 电梯控制系统的简单模型

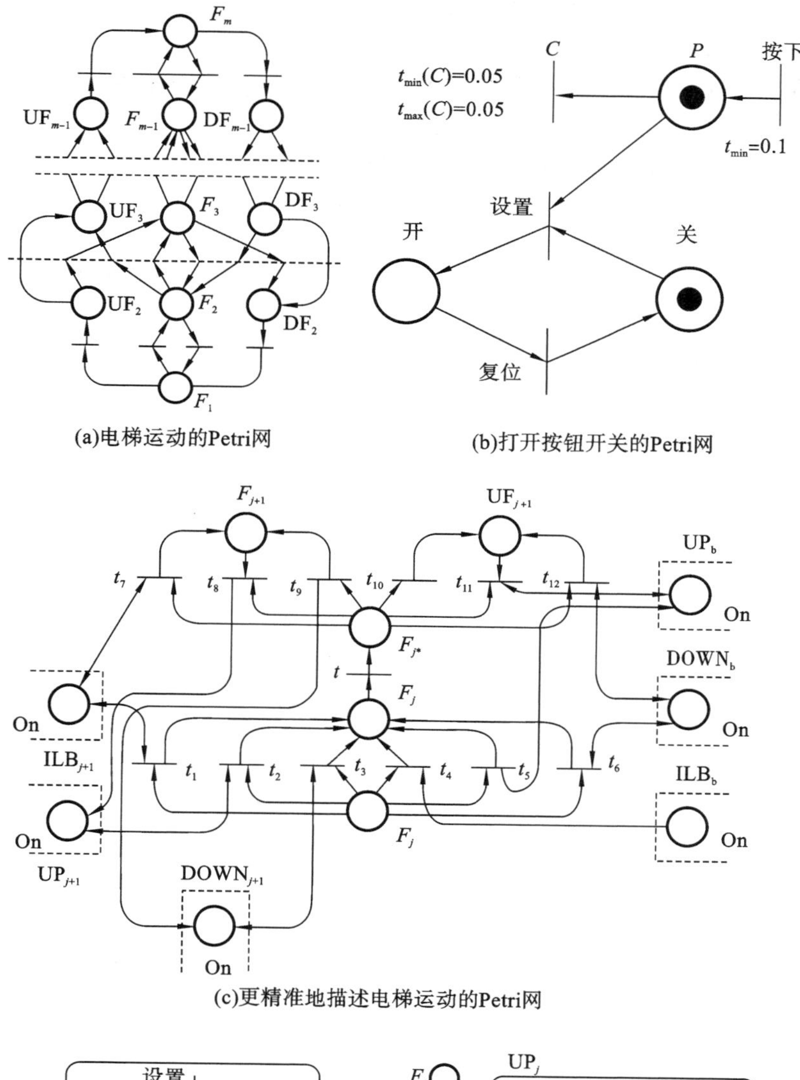


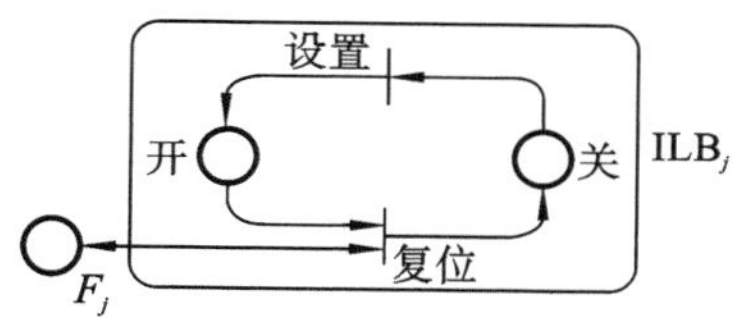


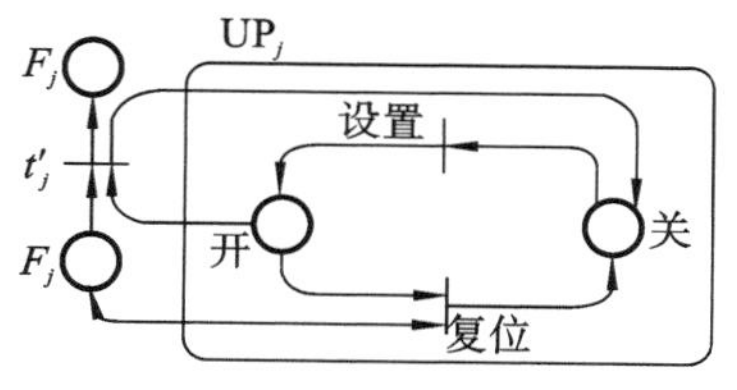


图 2-27 电梯控制系统各模块的 Petri 网模型

①$n$ 部电梯类型的说明模块(电梯位置类型模块:电梯所处楼层;电梯按钮类型模块:电梯内部按钮状态)。

②$m$ 个楼层类型的说明模块(向上服务请求按钮模块、向下服务请求按钮模块)。

③各模块的关系及规则。

(3) 各模块的 Petri 网模型。

## 习　题

2-1　什么是需求分析工程? 需求分析工程有哪些步骤?

2-2　需求分析工程会涉及哪些方面的人员?

2-3　如何进行需求获取? 需求获取的困难之处和解决方法分别是什么?

2-4　编写需求规格说明书的指导性原则是什么?

2-5　什么是有限状态机? 其存在的问题和改进的办法是什么?

2-6　Petri 网能解决 FSM 存在的问题吗? 为什么?

# 第3章 结构化方法



结构化方法是 Yourdon、Constantine 等人提出的，它是一种面向数据流的开发方法，它的一些重要概念也渗透到其他开发方法中。

## 3.1 问题定义

问题定义、可行性研究和需求分析是软件生命周期中的软件定义阶段，而问题定义又是整个软件生命周期的第一个步骤。

**1. 问题定义的任务**

主要任务是确定"软件要解决的问题是什么"，如果不知道问题是什么，或者只了解一点皮毛就急于去开发软件，显然是盲目的，只能白白浪费时间和费用，最终开发出来的软件肯定是毫无实际意义的。在实践中问题定义是最容易被忽视的一个步骤。

**2. 问题定义的结果**

问题定义的结果是问题目标和规模报告书。系统分析员应该提出关于问题性质、工程目标和规模的书面报告。通过对系统的实际用户和使用部门的访问调查，分析员应该扼要地写出对问题的理解，并在用户和使用部门负责人参加的会议上认真讨论这份报告，澄清含糊的地方，改正分析员理解得不正确的地方，最后得出一份令双方都满意的问题定义文档。

## 3.2 可行性研究

**1. 可行性研究的任务**

(1) 确定问题定义阶段定义的问题是否有可行的解。

(2) 对建议的系统进行仔细的成本/效益分析。

并不是所有问题都有简单、明显的解决方法。

**2. 可行性研究的目的**

可行性研究的目的就是用最小的代价在最短的时间内确定问题是否能够解决、是否值得去解决。

从以下四个方面分析系统的可行性：

(1) 技术可行性。分析系统采用的技术是否先进，能否实现系统目标，开发人员是否具备所需素质等。

(2) 经济可行性。分析目标系统能否用最小的代价获得最大的经济效益、社会效益和技术进步。

(3) 操作可行性。分析系统的操作方式在用户范围内是否可行。

(4) 法律可行性。分析系统开发可能造成的责任问题，有无违法行为，如合同的责任问题、专利版权问题等。

问题定义阶段提出的对工程目标和规模的报告通常比较含糊。可行性研究阶段应导出系统的高层逻辑模型(通常用数据流图表示)，并且在此基础上更准确、更具体地确定工程规模和目标。分析员更准确地估计系统的成本和效益。对建议的系统进行仔细的成本/效益分析是这个阶段的主要任务之一。

**3. 可行性研究的结果**

可行性研究的结果是可行性研究报告。可行性研究的结果是使部门负责人作出是否继续进行这项工程决定的重要依据。一般说来，只有投资可能取得较大效益的那些工程项目才值得继续进行下去。对于不值得投资的工程项目，系统分析员应建议终止，可以避免更大的浪费。

## 3.3 结构化分析

可行性研究后，软件系统就可以立项开发，进入软件需求分析阶段。该阶段的任务不是具体解决问题，而是准确地确定"为了解决这个问题，目标系统必须做什么"的问题，主要是确定目标系统必须具备哪些功能。

从五个方面分析系统的综合要求：

(1) 功能要求：系统必须完成的所有功能。

(2) 性能要求：如联机系统的响应时间、系统需要的存储容量以及系统的健壮性和安全性等方面的要求。

(3) 运行要求：系统运行所需要的软、硬件环境。

(4) 未来要求：系统将来可能的扩充要求。

(5) 数据要求：系统所要处理的数据以及它们之间的联系。

需求分析的结果是需求规格说明书。

系统分析员在需求分析阶段必须和用户密切配合，充分交流信息，分析系统的综合要求，导出经过用户确认的系统逻辑模型。系统逻辑模型完整、准确地反映了用户的要求，是以后设计和实现目标系统的基础。需求分析有多种方法和工具，其中结构化分析是目前常用的方法之一，适用于分析大型的数据处理系统。

### 3.3.1 结构化分析概述

结构化分析(structured analysis，SA)采用软件工程中控制复杂性的两个基本手段——分解和抽象，将系统自顶向下逐层分解，直到找到满足所有功能要求的可实现软件为止。

分解：为把复杂性降到人们可以掌握的程度，将复杂的问题拆成若干小问题后再分别解决的过程。

抽象：先考虑问题最本质的属性，暂时略去细节，再逐层添加细节，直至达到必要的详细程度(理解和表达)。

结构化分析具有如下特点：

(1) 用户共同参与系统开发，面向用户；

(2) 建立系统的逻辑模型，强调逻辑而不是物理；

(3) 使用图表工具明确表达系统逻辑模型，作为与用户和系统开发人员的通信媒介；

(4) 采用自顶向下的方法进行系统分析；

(5) 使用同一份系统分析资料，避免了重复性，增强了一致性。

大多数计算机系统都是用来替代一个已存在的系统的，它可以是一个计算机系统，也可以是一个人工系统。

结构化分析可按如下步骤进行：

(1) 分析当前系统,导出当前系统的物理模型(用 DFD 描述);

(2) 从当前系统的物理模型抽象出当前系统的逻辑模型(用 DFD 描述);

(3) 分析目标系统与当前系统在逻辑上的差别,建立目标系统的逻辑模型;

(4) 补充目标系统的逻辑模型。

结构化分析采用介于形式语言和自然语言之间的描述方式书写系统的需求规格说明书。系统的需求规格说明书包括四个部分:

(1) 一套分层的数据流图;

(2) 一本数据字典;

(3) 一组小说明;

(4) 补充材料,如表达数据分析结果的实体联系图等。

总之,结构化分析的本质就是采用一套分层的数据流图及相应的数据字典和小说明来作为系统的模型(建模工具)。结构化分析从总体上看是一种强烈依赖数据流图的自顶向下的建模方法,它不但是需求分析技术,也是完成规格说明文档的技术手段。

结构化分析能够清楚地提供组织和描述系统信息的方法,也提供检查信息精确性的指标,为理解和分析一个现存系统提供了有效的工具。

### 3.3.2 数据流图

数据流图是描述系统逻辑功能的图形工具,用来表达系统的逻辑功能。数据流图中无具体物理元素,如显示终端、磁盘文件、打印输出等。数据流图表明数据在系统内的逻辑流向和数据的逻辑处理,是结构化分析的核心。

数据流图由四部分组成:外部项、处理、数据流和数据存储。

**1. 外部项(源点和汇点)**

外部项是指系统以外的事物、人或组织,它表达了该系统数据的外部来源或去处,用方框□表示。方框内是外部项的名字。名字通常是名词,如人或事物。为避免在数据流图上出现数据流的线条交叉,同一外部项可以在一张图上出现若干次。确定了外部项,实际上也就确定了系统和外部环境的分界线。

**2. 处理(加工)**

处理表达了对数据的逻辑加工或变换功能。对数据进行处理的结果,或是变换数据的结构,或是在原有数据的基础上产生新的数据。处理用圆圈○表示,圆圈中是处理的名字。名字应恰当地反映处理的含义,使之容易理解,通常是动宾结构。可以用数字对数据流图中的处理进行编号。一个处理可以对应于一个模块、一个程序,也可以是“穿孔”“打印输出”,或者甚至是“目视检查数据正确性”的人工处理过程。

**3. 数据流**

数据流指示数据的流动方向,用带箭头的直线→或弧线⌒表示。直线或弧线上带有数据流的名称,名称通常是名词。数据流可以由一个外部项产生,也可以由某一处理产生,或者来自某一数据存储。

数据流的含义如下:

(1) 数据流是成分已知的信息包;

(2) 数据流经处理后可合并或分解;

(3) 意义清楚时可省略数据流名;

(4) 数据流不是控制流。

**4. 数据存储**

数据存储指明了保存数据的地方,它并不代表具体的存储介质,可以是文件的一个部分、数据库的元素或记录的一部分。数据可以存储在磁盘、磁带、内存及任何物理介质中。数据存储使用右端开口的矩形框表示,框内标有存储的数据的名称,通常是名词。同外部项一样,为避免图中线条交叉,可在一张图中多次出现相同的数据存储,这时只需在矩形柜左侧加竖线,并标上数据存储的名称。

数据流图的画法:采用自顶向下的方法分层(先外后内)画。画数据流图的步骤如下:

(1) 提取数据流图的四个基本成分;

(2) 画出高层数据流图;

(3) 逐层分解较高层数据流图中的处理,得到一套分层数据流图;

(4) 命名各元素。

分解数据流图时应遵循下列原则:

(1) 分解要自然,概念要合理;

(2) 以分层方式对处理编号;

(3) 注意父图与子图的平衡,即子图中所有的输入和输出数据流应当和父图中相应处理的输入和输出数据流一致;

(4) 一个处理一般可分解成 $7\pm2$ 个子处理,不宜过多;

(5) 当进一步分解可能涉及具体的物理实现手段时,分解应终止。

**例 3-1** 某工厂采购部门每天要开出订货清单,清单中包括订购部件的部件号、部件名、规格、说明、订购量、当前价格、主要供应商和辅助供应商。部件入库或出库称为业务,通过仓库中的终端把业务报告给订货系统,处理库存业务。当某种部件的库存量少于标准线以下时,仓库管理员就应该及时通知订货系统开出订货清单,交由采购员采购。

分析:根据画数据流图的步骤画出订货系统的数据流图。

**解** (1) 从系统的简述中提取数据流图的四个基本成分。

①源点和汇点。仓库管理员视为源点,采购员视为汇点。

②处理。处理的名称通常是系统简述中的动词短语,如产生订货清单、处理库存业务等。

③数据流。从系统的源点流出和流入汇点的数据流即是系统的输入数据流和输出数据流。

④数据存储。确定哪些数据应保存在数据存储中。库存业务一旦产生就立即被处理,所以不必保存;订货清单一天只产生一次,故需要保存产生订货清单的数据。有关库存零部件的信息,包括订货标准线,也应作为数据存储,统称为库存数据。



订货系统数据流图的基本成分如表 3-1 所示。

**表 3-1 订货系统数据流图的基本成分**

| 源点/汇点 | 处　理 | 数 据 流 | 数 据 存 储 |
|---|---|---|---|
| 管理员 | 产生订货清单 | 订货清单 | 订货数据 |
| 采购员 | 处理库存业务 | 库存业务 | 库存数据 |

注意:这些成分有的直接从系统问题简述中提取,有的则隐含在问题简述中。

(2) 画出系统的高层数据流图。

高层数据流图强调源点、汇点和输入、输出数据流，如图 3-1 所示。

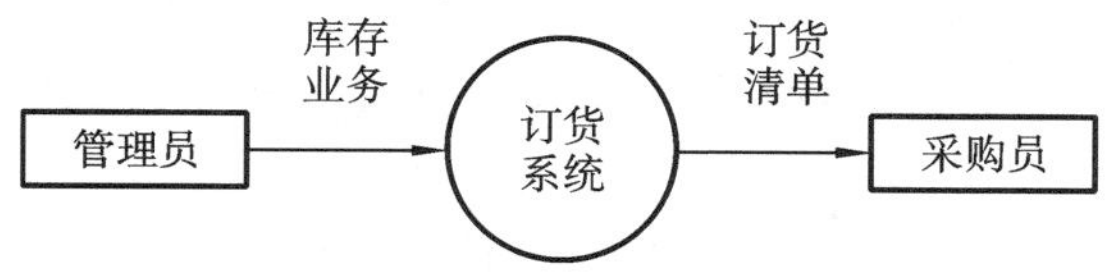


图 3-1　高层数据流图

(3) 逐步分解高层数据流图。

高层数据流图毕竟太抽象了，需要分解其中的处理，得到功能级的数据流图。高层数据流图的分解如图 3-2 所示。通过分解关键处理，对数据流图进行细化，得到细化的数据流图，如图 3-3 所示。

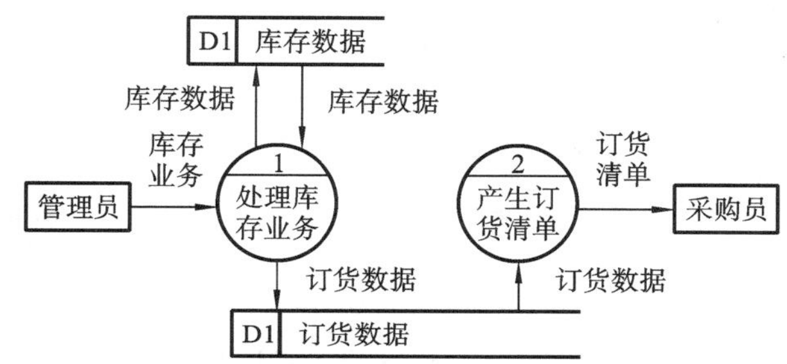


图 3-2　高层数据流图的分解

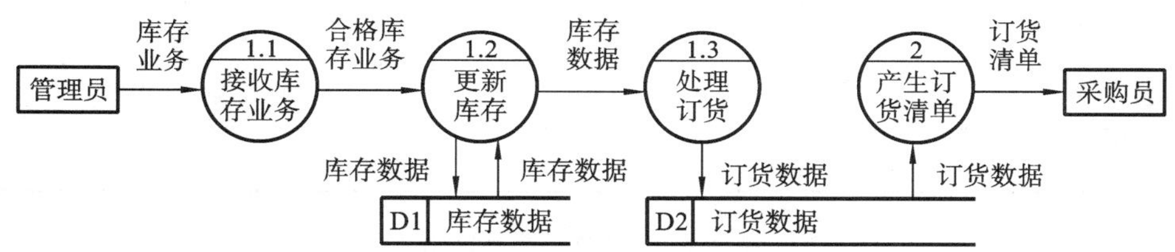


图 3-3　细化的数据流图

注意：高层数据流图的分解过程中要遵循数据流图的分解原则。最后必须检查得到的数据流图，注意数据是否守恒、父图和子图是否平衡。

数据流图的优点：

(1) 简洁、清楚地描述了系统的逻辑模型，易于理解和评价。

(2) 作为信息交流的工具，数据流图易于系统分析员与用户交流。

数据流图是结构化软件设计的基础，由它出发可以映射出软件的结构。数据流图反映了数据在系统中的流向和数据被加工处理的情况，但它无法详细描述数据流、数据存储、处理逻辑和外部项的内容，这样数据流图就不严格，也难以发挥作用。因此，还必须辅以其他工具，这些工具包括数据字典、结构化自然语言、判定表和判定树等。

### 3.3.3　数据字典

数据字典是关于数据信息的集合，也就是对数据流图的四个基本成分详细定义或说明的集合。为便于查阅，数据字典中的条目应按一定次序排列，并提供检索手段。基本数据元素（简称数据元素）是数据字典中数据的最小单位，不可再分解。若干数据元素，或若干数据元素加上数据的结构构成数据结构。

数据字典中除了数据流图的四个基本成分需描述外，还要包括数据元素和数据结构一览表。

订货系统的数据元素、数据结构、外部项、数据流、数据存储、处理过程分别如表 3-2 至表 3-7 所示。

**表 3-2　订货系统的数据元素**

| 编　　号 | 数据元素名称 | 程序内部名 | 类　　型 | 长　　度 | 小数点后位数 |
|---|---|---|---|---|---|
| DE01 | 部件号 | part no | 字符 | 10 | |
| DE02 | 部件名称 | descript | 字符 | 20 | |
| DE03 | 规格 | spec | 字符 | 40 | |
| DE04 | 单价 | price | 数值 | 8 | 2 |
| DE05 | 供应商编号 | sup no | 数值 | 3 | |
| DE06 | 供应商名称 | sup name | 字符 | 30 | |
| DE07 | 供应商地址 | address | 字符 | 50 | |
| … | … | … | … | … | … |

**表 3-3　订货系统的数据结构**

| 编　　号 | 数据结构名称 | 程序内部名 | 数据结构组成 |
|---|---|---|---|
| DS01 | 库存数据 | part | DE01,DE02,DE03,DE04,DS02 |
| DS02 | 供应商 | supplier | DE04,DE06,DE07 |
| … | … | … | … |

**表 3-4　订货系统的外部项**

| 编　　号 | 外部项名称 | 输入数据流 | 输出数据流 |
|---|---|---|---|
| E01 | 管理员 | — | DE01 |
| E02 | 采购员 | DF02 | — |

**表 3-5　订货系统的数据流**

| 编　　号 | 数据流名称 | 来　　源 | 去　　处 | 组　　成 |
|---|---|---|---|---|
| DF01 | 库存业务 | E01 | E01 | DS03 |
| DF02 | 订货清单 | P02 | E02 | DS04 |
| … | … | … | … | … |

**表 3-6　订货系统的数据存储**

| 编　　号 | 数据存储名称 | 数据存储组成 |
|---|---|---|
| DB01 | 库存数据 | DS01 |
| DB02 | 订货数据 | DS04 |

表 3-7 订货系统的处理过程

| 编　号 | 处理名称 | 层次名 | 数据流名称 | 输入/输出标志 |
|---|---|---|---|---|
| P01 | 接收库存数据 | 1.1 | DF01 | 0 |
| | | | DF03 | 1 |
| P02 | 产生订货清单 | 2 | DF04 | 0 |
| | | | DF02 | 1 |
| … | … | … | … | … |

另外，还可以用数据字典运算符描述。

=：由……组成。

+：和，例如供应商=供应商编号+供应商名称+供应商地址。

{}：重复，例如课程表={星期几+第几节+教室}。

[|]：选择一个，例如存期=[1|2|5]。

( )：可选(也可不选)。

### 3.3.4 处理的逻辑表达方式

数据流图中的每个处理应该有一个小说明，用来描述处理的逻辑加工。一般对数据流图中最底层的处理进行定义。小说明通常采用结构化自然语言、判定树、判定表等工具来表达处理的逻辑。

**1. 结构化自然语言**

结构化自然语言是介于自然语言和程序设计语言之间的一种半形式语言。它是在自然语言的基础上加上有限的词汇和语句而形成的语言。结构化自然语言的词汇表包括数据字典中定义的数据元素、数据结构、数据流等名词，加上自然语言中有限的含义明确的执行性动词以及一些常用的运算符，包括算术、关系和逻辑运算符等。使用的语句仅限于简单的祈使语句、判断语句和循环语句，以及由这三种语句组成的复合语句。

下面是结构化自然语言的语句表达处理 1.1“接收库存业务”的例子：

```
GET 库存业务；
EDIT 库存业务；
IF 库存业务有错；
THEN 置库存业务的错误标志；
ELSE 去掉库存业务的错误标志；
```

**2. 判定树**

表示判断逻辑使用判定表、判定树比结构化自然语言更直观、清楚，易于理解。判定树是表达嵌套的多层判断的有效工具。

例如，某工厂的职工超产奖励政策如下。对于产品 X，实际生产数量超过计划指标 50 件以下(含 50 件)，每超产 1 件奖励 1 元；超产数量为 51～100 件，超过 50 件部分，每超产 1 件奖励 1.2 元；超产数量在 100 件以上，超过 100 件部分，每超产 1 件奖励 1.5 元。对于产品 Y，实际生产数量超过计划指标 25 件以下(含 25 件)，每超产 1 件奖励 2 元；超产数量在 25 件以上，每超产 1 件奖励 3 元。

奖励政策用判定树表达如下：

$$
\text{奖励政策}\begin{cases}
\text{产品 X}\begin{cases} 1\leqslant N\leqslant 50 \Rightarrow 1\times N \\ 50 < N\leqslant 100 \Rightarrow 50+1.2\times(N-50) \\ N>100 \Rightarrow 100+1.5\times(N-100) \end{cases} \\
\text{产品 Y}\begin{cases} 1\leqslant N\leqslant 25 \Rightarrow 2\times N \\ N>25 \Rightarrow 50+3\times(N-25) \end{cases}
\end{cases}
$$

**3. 判定表**

判定表是表达条件和操作之间的相关关系的一种规范的方法。当某个处理依赖于多个逻辑条件时，判定表比判定树更有效。

例如，一个用结构化自然语言表达的“检查订购单”处理的逻辑描述如下：

```
IF 金额超过 500 元且未过期；
THEN 发出批准单和提货单；
IF 金额超过 500 元且已过期；
THEN 不发批准单；
IF 金额低于 500 元；
THEN 不论是否过期，都发批准单和提货单，在过期的情况下还发出通知书；
```

用判定表描述，如表 3-8 所示。

**表 3-8　判定表**

| 金额状态 | >500 未过期 | >500 已过期 | ≤500 未过期 | ≤500 已过期 |
|---|---|---|---|---|
| 发批准单 | × | | × | × |
| 发提货单 | × | | × | × |
| 发通知单 | | | | × |

判定表和判断树只适合表达判断，不适宜表达循环。

### 3.3.5　数据分析

软件系统本质上是信息处理系统，在软件系统的整个开发过程中都应该考虑两个方面的问题——数据及对数据的处理。因此，分析系统的数据要求是系统分析的一个重要任务。

系统的数据分析应当包括收集系统所使用的数据，适当地将数据元素组织成合理的数据结构。在细化数据流图的过程中，已收集了数据元素并录入数据字典中。数据结构表示数据元素间的逻辑关系。数据流和数据存储中的数据是基于数据的结构的，这并不是数据最恰当的组织方式，通常用 ER(entity-relationship)图表示数据的组织及数据之间的关系。为减少数据冗余，简化修改数据的过程，还应该对数据进行规范化。

## 3.4　结构化设计

分析阶段得到了软件的需求规格说明书，它明确地描述了用户要求系统“做什么”的问题，下面是决定“怎么做”的时候了，即建立一个符合用户需求的软件系统，软件开发进入软件设计阶段。

软件设计阶段通常分为两步：

第一步：系统的总体设计或一般设计，其任务是确定软件结构。

第二步：系统的详细设计，即进行各模块内部的具体设计。

软件设计方法有多种，本节介绍结构化设计。

### 3.4.1 结构化设计概述

结构化设计(structured design,SD)用于设计软件结构。结构化设计的目标:根据系统分析资料,确定软件应由哪些子系统或模块组成,它们应采用什么方式连接,接口如何,才能构成一个好的软件结构,如何用恰当的方法把设计结果表达出来,同时考虑数据库的逻辑设计。

结构化设计的基本思想:采用自顶向下的模块化设计方法,按照模块化原则和软件设计策略,将软件分析得到的数据流图映射成由相对独立、单一功能的模块组成的软件结构。结构化设计是一种面向数据流的设计方法。存在两种数据流图:变换型和事务型。因此,将数据流图映射为软件结构也就有两种方法:

(1) 以变换为中心的方法,即变换型的软件结构

(2) 以事务为中心的方法,即事务型的软件结构。

结构化设计的优点:

(1) 模块可以独立地被理解、编程、调试、排错和修改。

(2) 减少了设计复杂性,研制工作得以简化,缩短了软件开发周期,也减少了开发软件所需的人力。

(3) 模块的相对独立性也能有效地防止错误在模块之间扩散蔓延,提高了系统的可靠性。

(4) 提高了代码的可复用性。

### 3.4.2 软件结构图

软件结构图是精确表达系统内模块组织结构的图形工具。模块是具有一定功能的可以用名词调用的程序语句集合。软件结构图清楚地反映出系统中各模块之间相互的联系以及模块间的层次关系和调用关系。

软件结构图是结构化设计中的一个重要结果,对软件结构图的理解和应用是结构化设计的一个核心。软件结构图要能表明三件事情:模块、模块间的调用关系和模块间的信息传递。

如图 3-4 所示,模块用矩形框表示,矩形框中的文字是模块名。模块名应能简单地表达模块功能,常用动宾结构的短语。以前已实现的可复用的模块用双纵边矩形框表示。

| 更新库存 | ‖打印清单‖ |
|---|---|
| (a)待实现的模块 | (b)已实现的可复用模块 |

**图 3-4　模块的表示方法**

模块间的调用关系如图 3-5 及图 3-6 所示。

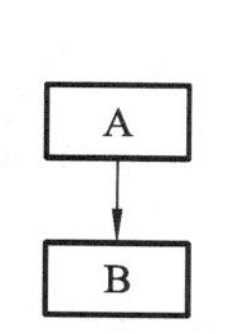


**图 3-5　模块的调用表示**

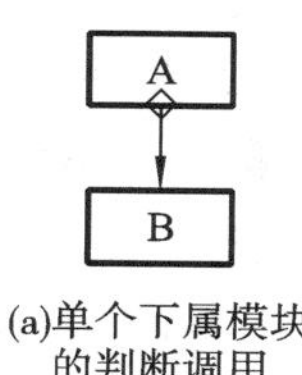


(a)单个下属模块的判断调用

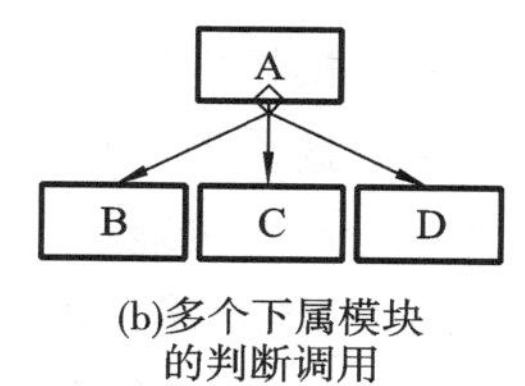


(b)多个下属模块的判断调用

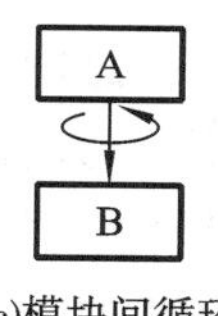


(c)模块间循环调用的表示

**图 3-6　模块的调用判断**

模块间的信息传递的表示方法如图 3-7 所示。

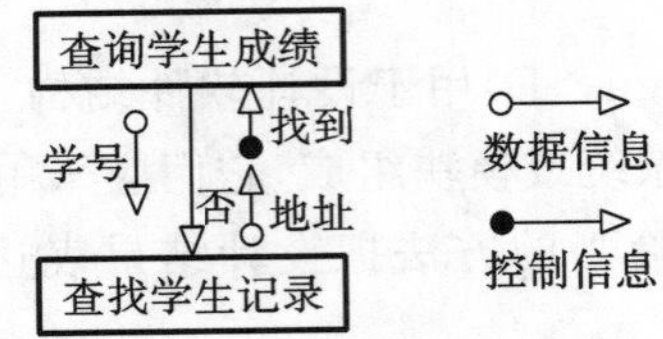


图 3-7　模块间的信息传递的表示方法

什么样的软件结构才是好的软件结构呢？如图 3-8 所示，好的软件结构应该具有层次性（腰鼓形），最高层模块只有一个，上层模块调用下层模块，同层模块互不调用，上层模块不能越层调用，最下层模块完成基本操作。

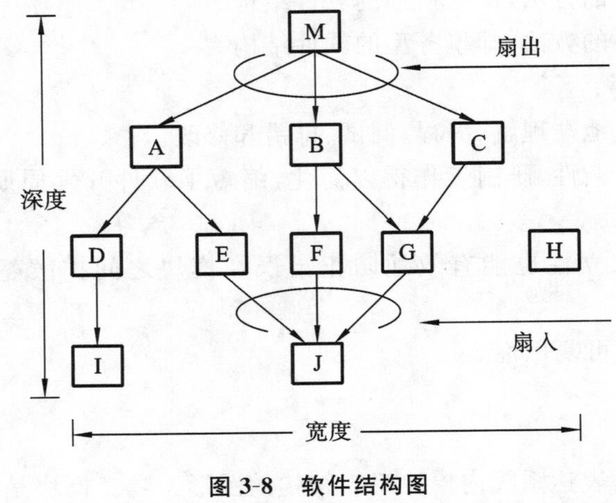


图 3-8　软件结构图

软件结构图中，最上层模块为第一层，第一层的直接下属模块为第二层，依次类推。

### 3.4.3　软件设计原理

结构化设计采用模块化原理进行软件结构设计。模块是指单独命名的可以通过名字访问的数据说明、可执行语句等程序对象的集合。例如，过程、函数、子程序、宏等都可作为模块。

模块有两个方面的特征：外部特征和内部特征。模块的输入、输出和功能构成模块的外部特征，内部数据和程序代码构成模块的内部特征。

模块化是指把一个复杂的大型程序划分成若干个模块，每个模块完成一个子功能，把这些模块汇总起来组成一个整体，可以完成指定的功能。采用模块化原理可以使软件结构清晰，便于设计、阅读和理解，从而便于维护。一个好的模块应该符合信息隐蔽和模块独立性原则。

信息隐蔽是指一个模块内所包含的信息（数据和代码）对于不需要这些信息的模块来说是不能访问的。抽象数据类型的栈 stack 就是信息隐蔽的一个例子。由于信息隐蔽，因此就减少了错误在模块间传递的可能性。模块独立性是指软件系统中的每个模块只完成一个相对独立的子功能，且与其他模块间的接口简单。

模块独立性用两个定性标准度量：内聚和耦合。内聚是指衡量一个模块内各组成部分之间彼此联系的紧密程度。模块内联系越紧密，内聚性越好。耦合是指衡量不同模块间相互联系的紧密程度。模块间联系越松，其耦合性越好。结构化设计追求的目标是模块内的高内聚和模块间的低耦合。

影响模块间耦合性的因素是模块间的联系方式、模块间接口的性质和接口上通过的数据量。模块间的联系方式是指一个模块调用另一个模块的方式。比如，是通过过程调用语句正常调用另一个模块，还是不通过正常入口而直接转入另一个模块内部，或者直接访问另一个模块的内部数据等。模块间接口的性质由接口上传递的信息的性质决定。通过模块接口的信息有三种类型：数据型信息、描述性标志信息和控制型信息。

(1) 数据型信息记录某些事实，常用名词表示。

(2) 描述性标志信息表示某些数据的状态和性质，如无效账号、文件结束等。

(3) 控制型信息传递到被调用模块，用于控制模块内部的语句执行次序和方式。例如，描述性标志信息也是一种控制型信息。还有一种混合型信息(也称控制/数据型信息)，它传递的是指令，一个模块修改另一个模块的指令，这种情况只出现于汇编语言程序中。

模块间的耦合程度按从低到高的分类如下：

(1) 无耦合。如果两模块之间没有任何联系，每一个模块都能独立地工作而不需要另一个模块的存在，彼此是完全独立的，则这两个模块间属于无耦合情况。

(2) 数据耦合。如果两个模块通过参数表仅传递数据型信息，则这种耦合称为数据耦合。数据耦合是松散的耦合，模块间的独立性较强。软件结构中至少有这种耦合。

(3) 特征耦合。若两个模块通过参数表传递的是某一数据结构的子结构，而不是简单变量，则这种耦合就是特征耦合。特征耦合是数据耦合的一种变形，它会增加出错的机会，且不易改动(数据结构变化时)。将该数据结构上的操作全部集中在一个模块中，就可消除这种耦合。

(4) 控制耦合。如果传递控制型信息，则这种耦合就是控制耦合。对被控制的模块做任何修改，都会影响到控制模块，降低模块的独立性。

(5) 公共耦合。若一组模块使用了公共数据，则它们之间的耦合称为公共耦合。公共数据包括全程变量、共享的通信区、内存的公共覆盖区等。公共数据的使用，必然降低软件的可读性、可修改性和可靠性，如 FORTRAN 中的 COMMON 语句。

(6) 内容耦合。如果发生下列情况之一，两个模块间就是内容耦合：

- 一个模块直接访问另一个模块的内部数据；
- 一个模块通过不正常入口直接转入另一个模块内部；
- 一个模块有多个入口；
- 两模块有一部分代码重叠(只在汇编语言中出现)。

内容耦合是耦合性最好的耦合，即是模块间最坏的联系方式，现在大多数高级程序设计语言中已经不会出现这种耦合。在进行设计时应该采取的原则是：以数据耦合为主，以特征耦合为辅，少用控制耦合，限制公共耦合，杜绝内容耦合。

模块的内聚性按从低到高的分类如下：

(1) 偶然内聚。

如果模块中各组成成分间没有实质联系，即使有联系也是很松散的，模块功能模糊，则称为偶然内聚。

有时写完一段程序后，发现一组语句在程序中多处出现，便将其组织在一个模块内，以节省内存，这样就出现了偶然内聚的模块。在模块设计时，如果发现一个模块难以命名，就应考虑是否出现偶然内聚。

(2) 逻辑内聚。

如果一个模块完成的是逻辑上相同或相似的一组功能，则称为逻辑内聚。

例如，设计一个模块打印各种报表，如固定资产报表、产品成本报表、利润报表等，打印何种报表靠传递控制参数调用。由于不同功能在一个模块中，通常在设计模块时会出现几种功能共用部分代码，从而使得修改、添加或去掉功能都很困难。

(3) 时间内聚。

若一个模块中包含的任务必须在同一时间内执行，而这些任务的次序无关紧要，则叫时间内聚。

例如，各种初始化工作由初始化模块完成，而各种结束工作被组合到结束模块中，这样这些模块的执行将涉及其他许多模块。

(4) 过程内聚。

如果一个模块内的处理成分间是相关的，而且必须以特定顺序执行，则称为过程内聚。

例如，把程序流程图中的循环、判断和计算分成三个模块，则这三个模块就是过程内聚的模块。

(5) 通信内聚。

模块内的所有成分都通过公共数据而发生关系的内聚就是通信内聚。

例如，对同一文件进行输入、修改、输出操作。模块中各成分经模块局部的公共数据进行通信。

(6) 顺序内聚。

若模块中每个处理成分对应一个功能，且这些处理必须按顺序执行，则称为顺序内聚。

例如，一个处理成分的输出是下一个处理成分的输入的模块就是顺序内聚。

(7) 功能内聚。

模块中各处理成分属于一个整体，都是为了完成同一功能，很难分割，这就是功能内聚。这种模块通常有明确表达模块功能的名称。

### 3.4.4 软件设计原则

软件结构通常采用模块分解的方法得到，分解时应遵循下列四个原则。

(1) 提高模块的独立性。可以通过降低模块间的耦合来提高模块间的内聚。

(2) 模块规模适中。模块的大小一般在一页纸内，大了不易理解，小了不易表现功能。

(3) 模块的扇入、扇出适当。扇出过大，表明该模块分解太细，需要控制和协调过多的下属模块。经验表明，当一个模块的扇出大于7时，出错率会急剧上升。扇出过小，软件结构的层次过多。扇出一般以3～5为宜。扇出过大的模块，适当增加中间层次的控制模块；扇出过小的模块，考虑将其并入其上级模块中。当然，分解或合并模块应遵循模块独立性原则，并符合问题结构。模块的扇入大，表明模块复用性好，应适当加大模块扇入。一个好的软件结构通常呈腰鼓形，顶层模块扇出大，中间层模块扇出较小，底层模块扇入大，但不必刻意追求。

(4) 作用域保持在控制域中。模块的作用域是指受该模块内一个判定影响模块的集合。模块的控制域是该模块本身及其直接或间接的下属模块的集合。

一个好的软件结构中，所有受判定影响的模块都应从属于作出判断的模块，最好是直接下属模块。图3-9所示是模块的作用域和控制域的示例，图中的双矩形框表示属于作用域中的模块，◇表示判断。

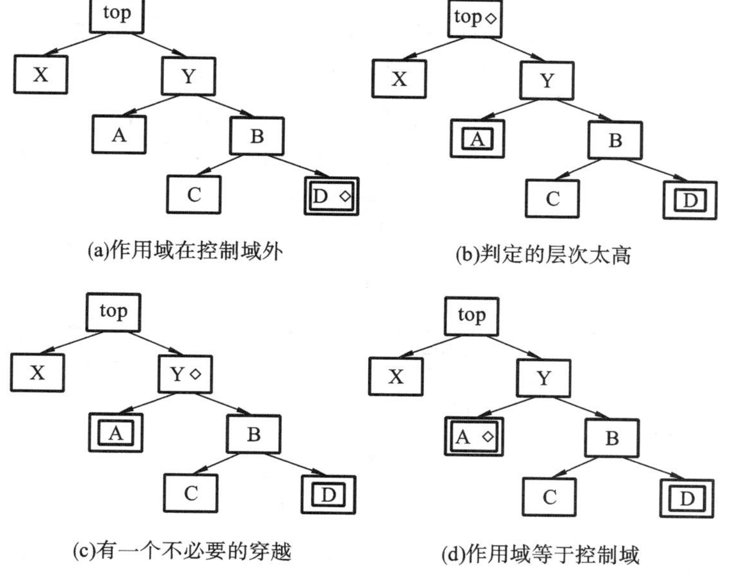


**图 3-9　模块的作用域和控制域的示例**

### 3.4.5　结构化软件设计策略

在软件需求分析阶段，用结构化分析方法得到了描述系统逻辑功能的数据流图，结构化设计就是将数据流图映射为软件结构。本节介绍如何将数据流图映射为软件结构。

**1. 数据流图的类型**

有两种典型的数据流图：变换型数据流图（见图 3-10）和事务型数据流图（见图 3-11）。

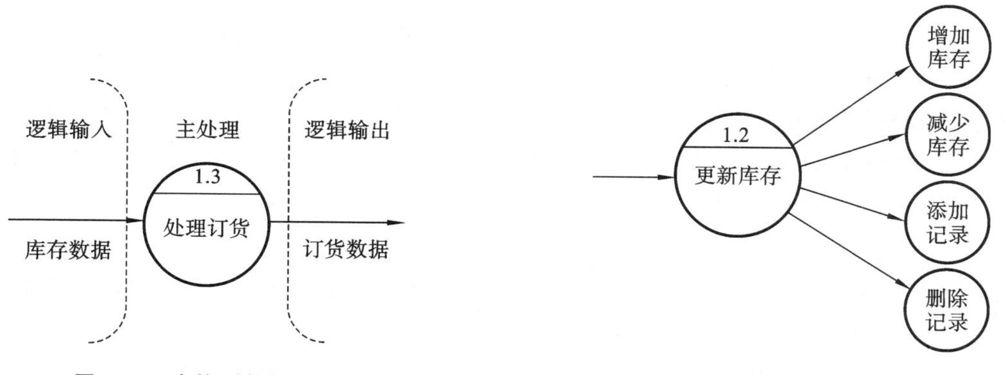


**图 3-10　变换型数据流图**　　**图 3-11　事务型数据流图**

(1) 变换型数据流图以变换为中心，由输入、主处理、输出三部分组成。

主处理的输入数据流称为逻辑输入，主处理的输出数据流称为逻辑输出。主处理是加工变换的中心，它对输入的逻辑输入流进行加工变换后，转换成逻辑输出流。

(2) 事务型数据流图以事务为中心，一个中心处理将其输入数据流分离成一串平行的输出数据流。

**2. 软件结构图的类型**

与上述两种数据流图相对应，软件结构图也有两种——变换型结构图和事务型结构图，它们分别由变换型数据流图和事务型数据流图得到。

图 3-12 所示是典型的变换型结构图。在变换型结构图中，每个模块都是功能型的，模块间只传递少量的数据型参数，接口清楚，因此模块的内聚性较高，模块间的耦合性较好。

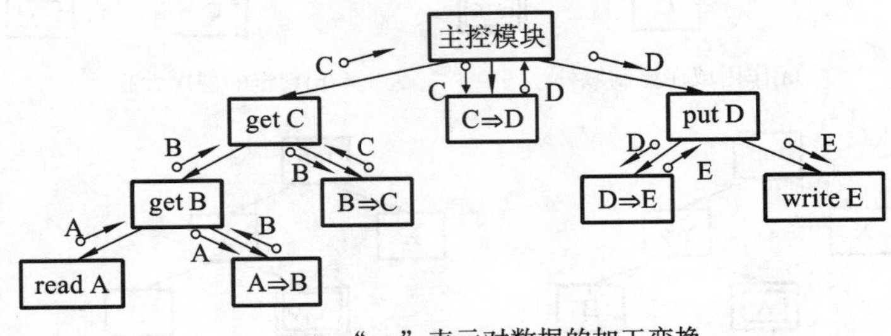


“⇒”表示对数据的加工变换

**图 3-12　典型的变换型结构图**

图 3-13 所示是典型的事务型结构图，它通常接受一项事务，根据事务处理的特点和性质，选择一个适当的处理模块进行事务处理，给出结果。

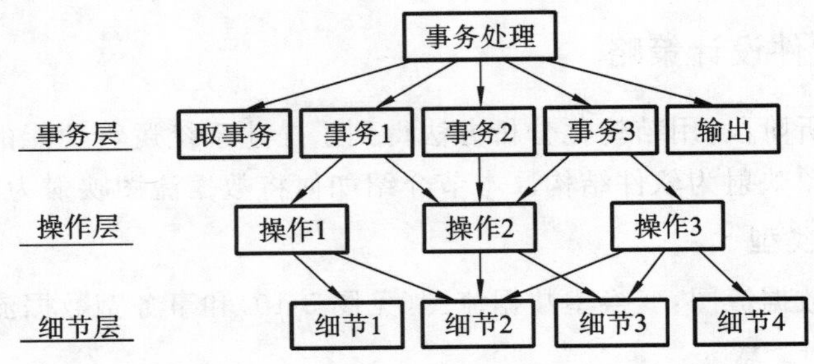


**图 3-13　典型的事务型结构图**

除顶层模块外，事务型结构图通常有三个层次：事务层、操作层和细节层。顶层模块按所接受的事务，选择调用一个事务处理模块。事务层除若干事务处理模块外，还有一个取事务模块和一个输出模块。操作层由若干操作模块组成，供事务模块调用。细节层由细节模块组成，供操作模块调用。事务型结构图也有较高的内聚性和较好的耦合性。

**3. 设计策略**

将数据流图映射成软件结构图可采用变换分析策略和事务分析策略，前者用于构造变换型结构图，后者用于构造事务型结构图。

变换分析策略的步骤如图 3-14 所示。

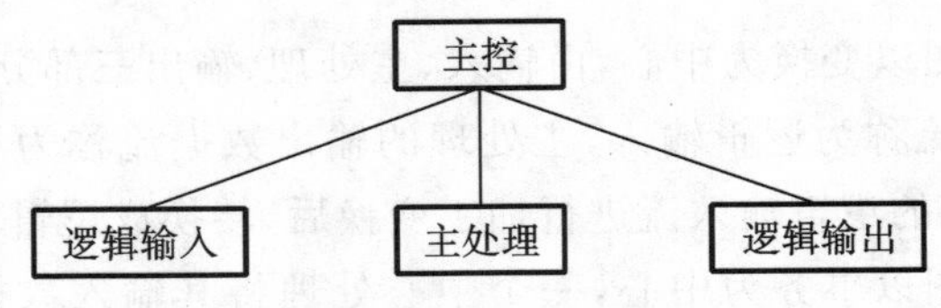


**图 3-14　变换分析策略的步骤**

(1) 找出逻辑输入、主处理、逻辑输出；

(2) 设计结构图的第一层和第二层；

(3) 自顶向下设计下层模块。

找逻辑输入可以从物理输入端开始,离物理输入端最远但仍然是物理输入的那个数据流就是逻辑输入。同样,离物理输出端最远但仍然是物理输出的那个数据流就是逻辑输出。逻辑输入和逻辑输出间的那个(或那些)处理就是主处理。订货系统的变换分析步骤如图 3-15所示。

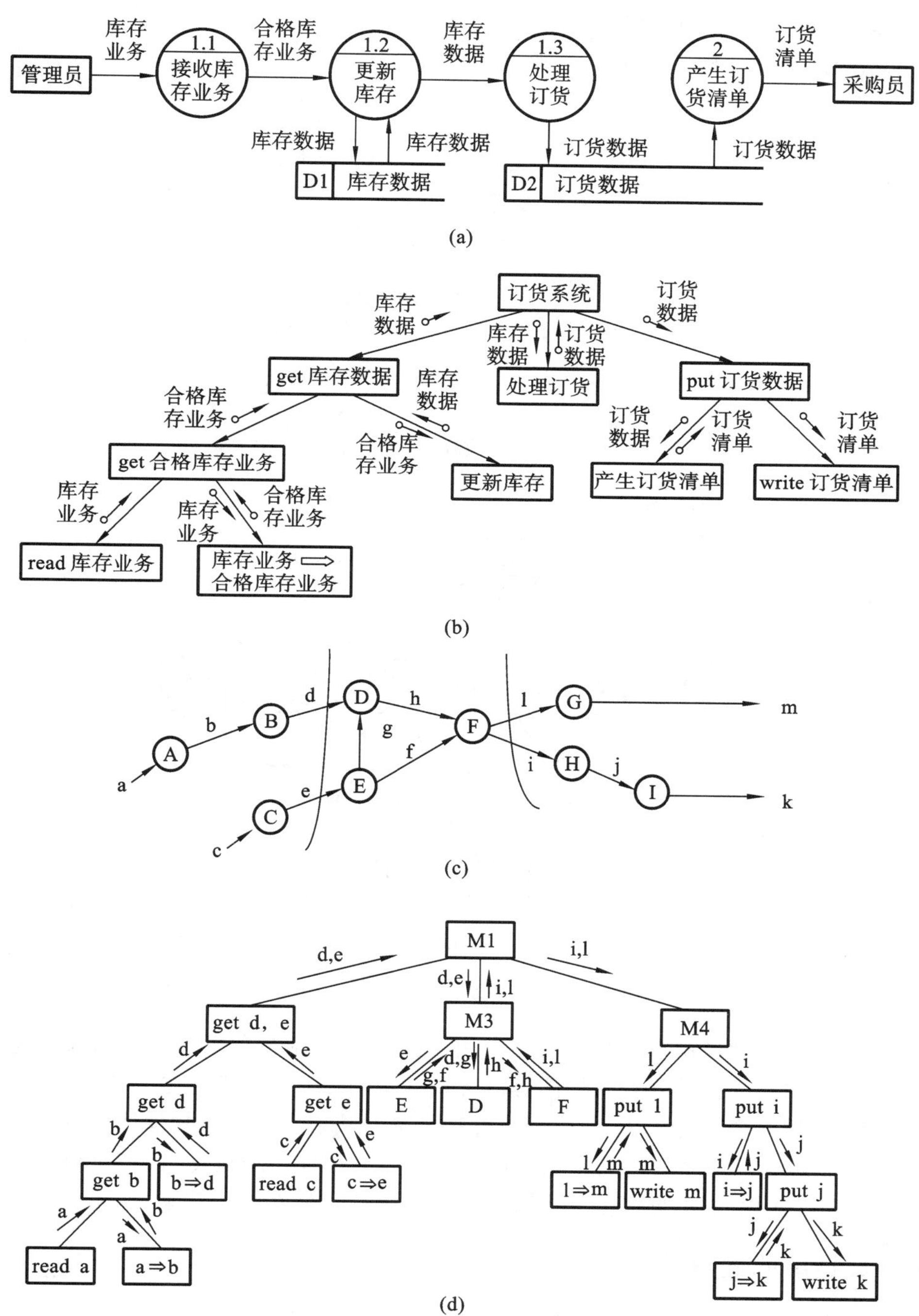


图 3-15 订货系统的变换分析步骤

事务分析策略的步骤如下：

(1) 识别事务中心处理和事务处理。

(2) 设计结构图的第一层和第二层。第一层为事务中心处理模块，第二层为各事务处理模块，加上一个取事务模块和一个输出模块。

(3) 为每个事务处理设计下层操作模块，可以共享。

(4) 设计细节模块，也可以被操作模块共享。

订货系统的事务分析步骤如图 3-16 所示。

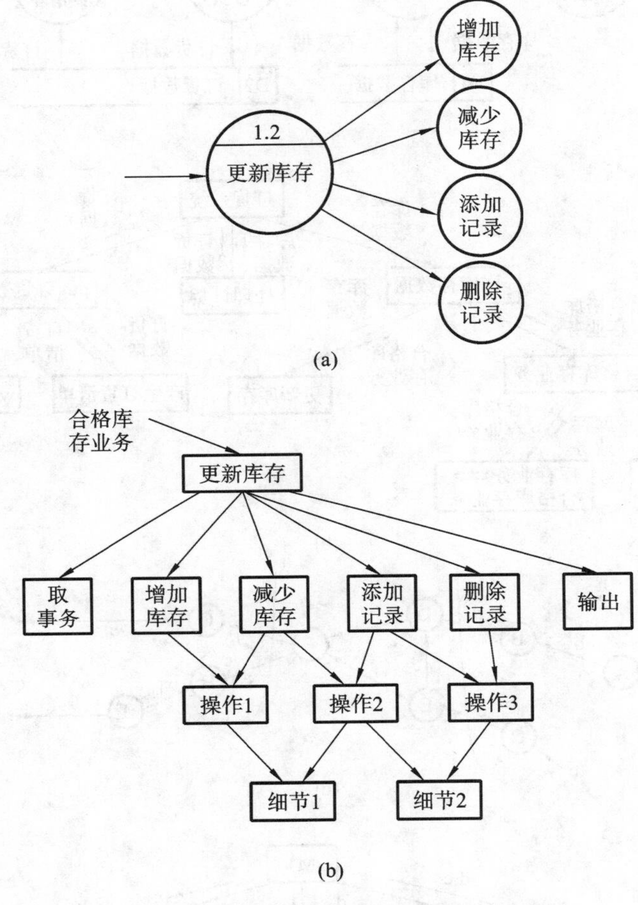


图 3-16 订货系统的事务分析步骤

一般来说，大型软件系统的数据流图是由变换型数据流图和事务型数据流图组成的混合型数据流图，由它映射的软件结构图是混合型结构图。对于混合型数据流图，在映射成结构图时，应该采用以变换分析为主，以事务分析为辅的映射方式进行软件结构设计。

图 3-17 所示为订货系统的结构图。该图不一定是最优的结构图，读者可以根据模块化等原则对其进行优化，总的原则是：先使系统工作，然后再使系统快起来。

### 3.4.6 数据库的逻辑设计

如果是数据处理系统，则应该在需求分析阶段对数据要求所做的分析的基础上进行数据库的设计。数据分析已经得到了 E-R 图，如果采用关系模型，则可以将其转化成对应的关系模式，并进行规范化。

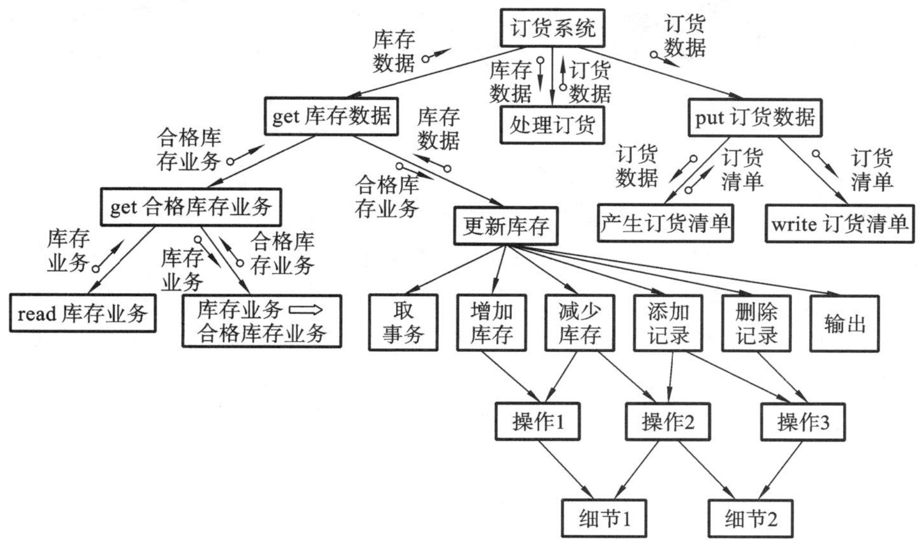


**图 3-17　订货系统的结构图**

## 习　　题

3-1　可行性研究的目的是什么?

3-2　应该从哪些方面研究目标系统的可行性?

3-3　什么是结构化分析?结构化分析按什么步骤进行?

3-4　分解数据流图时应遵循什么原则?

3-5　什么是数据字典?数据字典中数据的最小单位是什么?

3-6　分解软件结构模块时应遵循哪些原则?

3-7　为方便储户,某银行拟开发计算机储蓄系统,储户填写的存款单或取款单由业务员输入系统。如果是存款,系统记录存款人姓名、住址、存款类型、存款日期、利率等信息,并印出存款单给储户;如果是取款,系统计算利息并印出利息清单给储户。请画出此系统的数据流图。

# 第4章 面向对象方法

传统的软件开发方法曾经给软件产业带来了巨大的进步，尤其是在开发中小规模的软件项目时获得了成功。但是，随着硬件性能的提高和图形用户界面的推广，软件的应用更加普及与深入，当开发大型软件产品时，由于面对的问题越来越复杂，在使用传统软件开发方法时，软件的稳定性、可修改性和可复用性比较差，导致软件开发成本较高，成功率较低。

随着面向对象编程语言 Sumula 67 中首次引入了类和对象的概念，人们逐渐开始注重面向对象分析以及面向对象设计和研究，因此产生了面向对象方法学。到了 20 世纪 90 年代，面向对象方法已经成为人们在开发软件时的主流软件设计方法。

## 4.1 面向对象方法概述

面向对象方法是尽可能模拟人类惯有的思维方式，使开发软件的方法与过程尽可能接近人类认识世界、解决问题的方法与过程，也就是使描述问题的问题空间（也称为问题论域）与实现解法的解空间（也称为求解域）在结构上尽可能一致。

### 4.1.1 面向对象方法

面向对象（object oriented）方法是从面向对象编程（object oriented programming，OOP）开始的。

OOP 起源于 20 世纪 60 年代末，以挪威奥斯陆大学和挪威计算中心共同研制的 Simula 语言（引入了类的概念）为标志，但真正的 OOP 是 20 世纪 70 年代 Xerox 研究中心的 Smalltalk 语言，该语言首次提出"面向对象"一词。Smalltalk 的问世标志着面向对象程序设计方法的正式形成。

人们逐渐开始注重面向对象分析（object oriented analysis，OOA）和面向对象设计（object oriented design，OOD）的研究，最终形成了面向对象方法学。面向对象和结构化方法如图 4-1 所示。

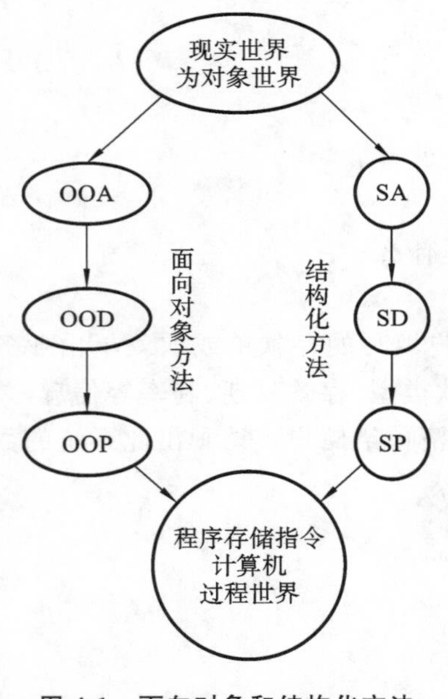


**图 4-1 面向对象和结构化方法**

面向对象分析与设计实质是一种系统建模技术，在整个生命周期使用相同的概念、表示法和策略，即每一件事都围绕对象进行，它尽可能地模拟人类习惯的思维方式，使软件开发方法与过程尽可能地接近人类认识世界、解决问题的方法与过程。



### 4.1.2 几种典型方法

本节将介绍几种典型的面向对象方法：Wirfs-Brock 的 RDD 方法、Rumbaugh 的 OMT 方法、Booch 方法、Coad-Yourdon 方法。

**1. RDD 方法**

RDD 方法是一种责任驱动设计（responsibility driven design，RDD）方法。

RDD 方法将对象间的交互关系看成是客户服务关系，通过建立客户/服务器模型来描述两个实体（客户和服务器）之间的交互。

客户：要求服务器提供服务并实施服务。

服务器：根据客户要求，向客户提供所需的一组服务。

交互方式：通过“合同”完成。“合同”是服务器能向用户提供的一组服务。

采用客户/服务器模型描述实体间的交互，能很好地体现“做什么”，隐藏“怎么做”。

责任驱动模型将应用分解成通过合作来完成其责任的一组对象的集合，而责任是在组成应用的对象中分配工作的手段。责任用于表达对象存在的目的以及它在应用中的位置，定义对象能够为外部提供的动作。

责任有两个关键内容：

(1) 一个对象必须维护的知识；

(2) 一个对象能够执行的动作。

RDD 方法分为两个阶段与六个步骤：

(1) 探索阶段：发现候选类、责任和合作。

(2) 改进阶段：建立类层次结构、定义子系统、定义协议。

对应的六个步骤为：标识类、发现责任并将其赋给类、发现合作、定义类层次、定义子系统、定义协议。

**2. OMT 方法**

对象建模技术（object modeling technology，OMT）是一种新兴的面向对象的开发方法，开发工作的基础是对真实世界的对象建模，然后围绕这些对象使用分析模型来进行独立于语言的设计。面向对象的建模和设计促进了对需求的理解，有利于开发出更清晰、更容易维护的软件系统。OMT 方法为大多数应用领域的软件开发提供了一种实际的、高效的保证，努力寻求一种求解问题的实际方法。

OMT 方法从对象模型、动态模型、功能模型三个不同但又相关的角度来进行系统建模。这三个角度各自用不同的观点抓住了系统的实质，全面地反映了系统的需求。其中，对象模型表示系统的数据性质，动态模型表示系统的控制性质，功能模型则表示系统的功能性质。OMT 方法的三个模型，从三个不同的角度描述系统，并在每个开发阶段不断发展，最后实现系统。

(1) 对象模型。

对象模型描述系统中对象的结构（见图 4-2），包括对象标识、属性、操作和对象之间的关系。类之间的联系称为关系，用一条线表示。关系线的端点用特定的符号表示多元性。

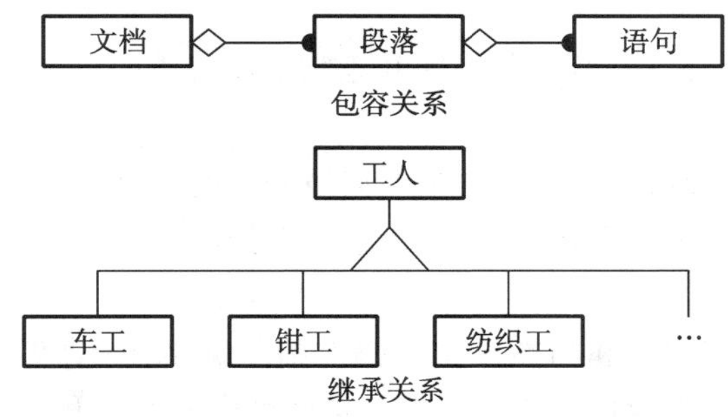


**图 4-2　类的对象模型符号**

多元性是指一个类与几个实例有关。多元性的符号表示如图 4-3 所示。

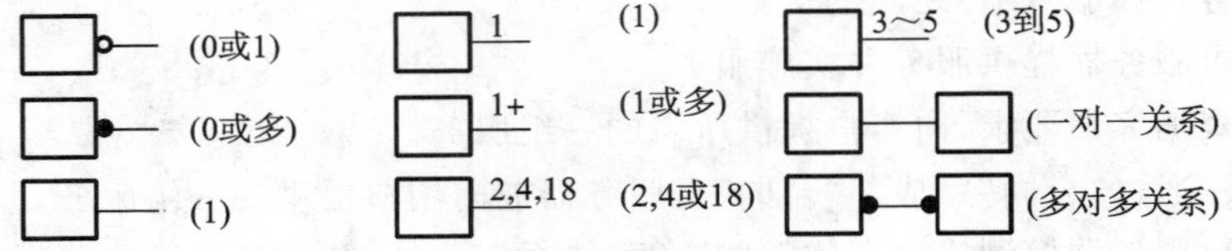


图 4-3 多元性的符号表示

对象模型中类之间的关系有三种，即相关关系、包容关系(部分-整体关系)、继承关系，如图 4-4 所示。

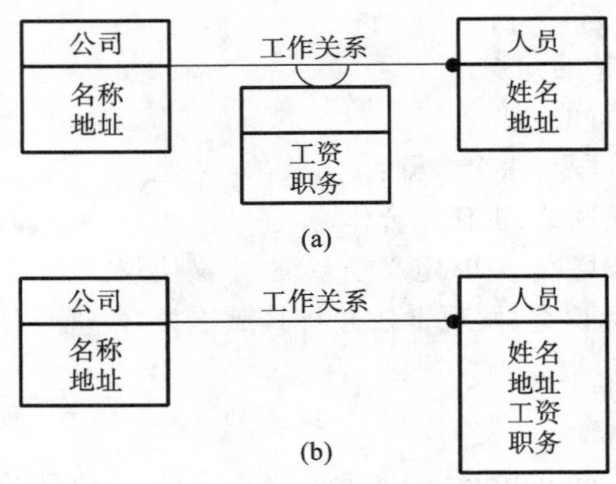


图 4-4 类之间的三种关系

图 4-5 定义了抽象类和具体类的对象模型。

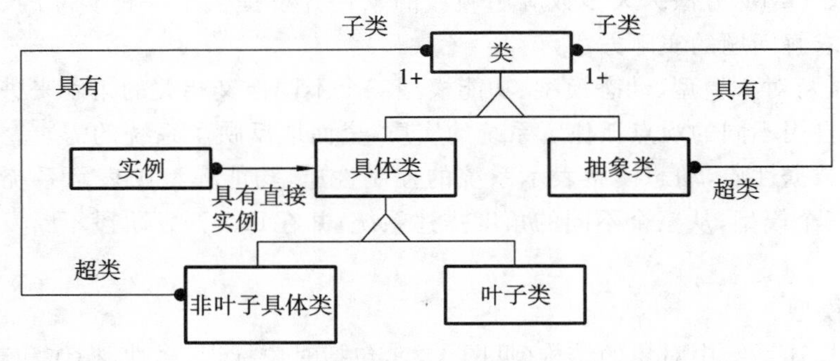


图 4-5 抽象类和具体类的对象模型

(2) 动态模型。

动态模型(见图 4-6)描述系统中与时间和运算次序有关的行为。

(3) 功能模型。

功能模型用来描述系统做什么，数据是如何被处理的，可用传统的数据流图等表示。

对象模型指出事件要发生在什么上面，动态模型指出什么时候发生，而功能模型则指出要发生什么。

对象模型描述了动态模型和功能模型所操作的数据结构；动态模型描述了对象的控制结构，并激活了系统功能；功能模型描述了由对象模型中的操作和动态模型中的动作所激活的功能，而功能作用在对象模型说明的数据上。

打电话者提起话机
开始拨号音
打电话者拨数字(5)
拨号音终止
打电话者拨数字(5)
打电话者拨数字(1)
打电话者拨数字(2)
打电话者拨数字(3)
打电话者拨数字(4)
受话方的电话机开始响铃
打电话者的电话出现铃声
受话方回应
受话方的电话机停止铃声
打电话者的电话铃声消失
双方电话连通
受话方挂机
双方电话断开
打电话者挂机

(a)打电话的场景

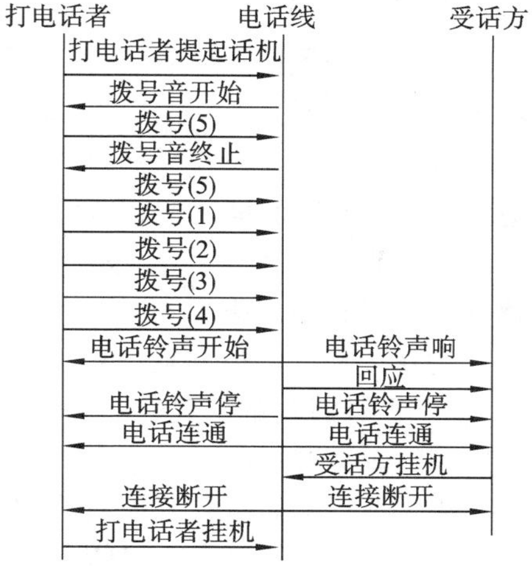


(b)电话的事件跟踪图

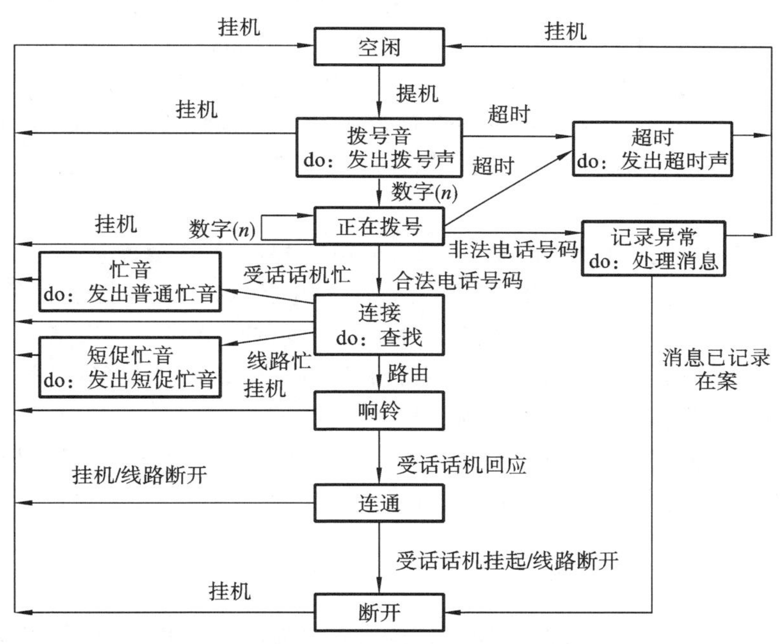


(c)加上了活动和行为的电话线的状态图

**图 4-6　动态模型**

OMT 方法的开发过程分成三个阶段：分析阶段、系统设计阶段和对象设计阶段。

(1) 分析阶段。

从问题的初始陈述开始，通过分析，找出对象、对象间的关系、动态的控制流等，最终建立分析模型(即三个模型)。

(2) 系统设计阶段。

在分析模型的基础上建立系统的体系结构(系统的总体组织)。将系统划分为子系统，确定问题中的继承等。

(3) 对象设计阶段。

确定系统中主要函数的实现算法，考虑并发和控制流等，最后子系统被打包成模块。

在软件的开发周期中，对象模型、动态模型、功能模型都在逐渐发展：在分析阶段，构造出不考虑最终设计的问题域模型；在设计阶段，解空间的结构被加到模型中；在实现阶段，问题域及解空间的结构被编码。

**3. Booch 方法**

Booch 是面向对象方法最早的倡导者之一，他提出了面向对象软件工程的概念。Booch 方法第一次提出了识别对象的方法，以及对象的动态视图和静态视图，为面向对象分析奠定了基础。在面向对象设计中提出了相应的物理模型，系统的开发过程就是系统的逻辑和物理视图不断细化的迭代和渐进的开发过程。Booch 方法通过二维图形来建立面向对象的分析和设计模型，强调设计过程的迭代，直到满足要求为止。

Booch 方法特别注重对系统内对象之间的相互行为的描述，注重可交流性和图示的表达。Booch 方法把几类不同的图有机地结合起来，以反映系统的各个方面是如何进行相互联系而又相互影响的。这些图贯穿于逻辑设计到物理设计的开发过程中，包括类图、状态图、对象图、交互图、模块图和进程图。

Booch 方法分为以下几个步骤：发现类和对象，确定它们的含义，找出它们之间的关系，说明每个界面及其类和对象。Booch 方法的开发模型分为：逻辑设计，即定义类和对象（类图和对象图）；物理设计，即定义软件系统结构（模块图和进程图）。Booch 方法也使用静态模型和动态模型，图形工具还有状态迁移图和时序图，主要用于描述系统的动态行为。Booch 方法实际应用于过程控制、存储管理、客户/服务器计算等多个系统。

**4. Coad-Yourdon 方法**

Coad-Yourdon 方法（1989 年由 Coad 和 Yourdon 提出）的主要优点是，通过将多年来大规模系统的开发经验与面向对象概念有机结合，在对象、结构、属性和操作的认定方面，提出了一套系统的原则。该方法完成了从需求角度进一步进行类和类层次结构的认定。尽管 Coad-Yourdon 方法没有引入类和类层次结构的术语，但事实上它已经在分类结构、属性、操作、消息关联等概念中体现了类和类层次结构的特征。

Coad-Yourdon 方法是在信息模型化技术、面向对象程序设计语言和知识库系统的基础上发展起来的。该方法分为 OOA 和 OOD 两个部分。

## 4.2 面向对象分析

无论何种开发方法，其分析的过程都是提取系统需求的过程，该过程主要包括三项内容：理解、表达和验证。面向对象分析（object oriented analysis，OOA）是指对复杂系统进行“抽象”的工作。OOA 是一种通过从问题域（极有可能来自系统调查的资料）词汇中发现类和对象的概念来考察需求的分析方法。

OOA 的关键是识别问题域内的类与对象，并分析它们之间的关系，最终建立起问题域简洁、精确、可理解的正确模型。

### 4.2.1 OOA 概述

**1. OOA 的基本任务**

OOA 的基本任务是运用面向对象方法，对问题域进行分析和理解，找出描述问题域所需的对象及类，定义这些对象和类的属性与服务，以及它们之间所形成的结构、静态联系和动态联系，最终目的是产生一个符合用户需求，并能够直接反映问题域的 OOA 模型及其软件需求规格说明。

**2. OOA 的有关术语**

(1) 主题(subject):把一些具有较强联系的类组织在一起而得到的类的集合。

类较多的大系统,会增加阅读和理解的难度。运用主题划分原则,把众多类组合成较少的几个主题,通过控制可见性,使人们可以从更高的宏观角度观察这些主题,有助于理解总体模型。

(2) 问题域(problem domain):被开发系统的应用领域,即在客观世界中由该系统处理的业务范围。

(3) 关联(association):对象之间的静态联系。如果这种联系是系统责任所需要的,则要求在 OOA 模型中通过连接明确地表示出来。

(4) 聚合(aggregation):又称组装,是指把一个复杂的事物看成若干个简单的事物的组装体,用于简化对复杂事物的描述。

(5) 主动对象:至少有一个服务不需要接收消息就能主动执行的对象。

(6) OOA 模型:一种用 OOA 方法建立的系统模型。

信息建模是 OOA 过程中最基本和最关键的活动之一,是指从现实世界的应用领域中捕捉出应用领域的基本结构的过程。

OOA 对象模型主要包括五个层次,如图 4-7 所示。

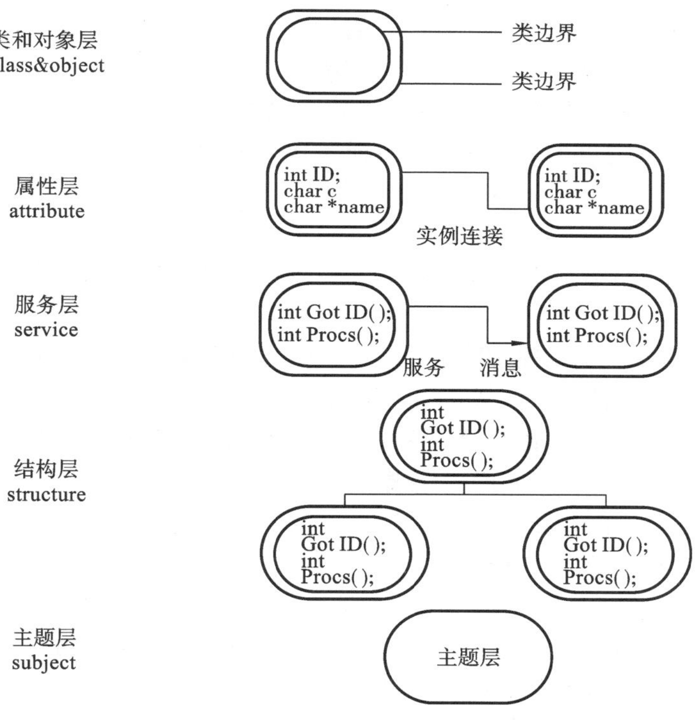


**图 4-7　OOA 对象模型**

类和对象层:表示待开发系统的基本构造块。对象都是现实世界中应用领域的概念的抽象。

属性层:由对象的属性和实例连接共同构成。

服务层:由对象的服务加上对象间的消息通信构成。

结构层：由应用领域中的特定结构构成。

主题层：当OOA模型的结构庞大、复杂时，众多的对象有时便难以处理，可以将对象归纳到一定的主题中，这样，可以将相关的对象归纳到一个主题中，使得模型的结构清晰。

**3. OOA的基本过程**

OOA有许多不同的方法，但是这些方法有一点是共同的，那就是定义对象。定义对象的主要活动包括：确定对象、确定属性、定义服务、建立结构、确定关联。这些活动的执行次序是可以改变的，某些活动可能会重复地发生。

**4. 电梯控制系统简介**

1）问题描述

设计和实现一个系统，用于控制一个高层建筑中的电梯的运行。要求必须高效、合理地调度电梯。

2）问题讨论

在电梯外某楼层按上或下的召唤按钮，可使电梯在该层停下；进入电梯内，按目的楼层的按钮，可使电梯到达目的楼层停下。

涉及的概念有：

(1) 电梯具有实际运行状态和状态方向（“计划中的方向”）。

(2) 调度楼层：对于某电梯而言，必须要停的楼层。

(3) 电梯停到调度楼层的原因为：①该层是电梯的目的楼层，电梯正在向该楼层运行；②电梯停留在一层，有人在该楼层按了召唤按钮。

(4) 确定某楼层是否是调度楼层的条件为：①电梯即将到达的目的地（对电梯）；②没有处理的请求（对楼层）；③电梯的实际运行方向；④电梯的状态运行方向。

### 4.2.2 确定对象

对象是问题域中有意义的事物的抽象，它们或者是物理实体，或者是抽象的概念。对象可以是：

(1) 外部实体，如其他系统、设备、人，它们生成或者消耗本系统所用的信息。

(2) 物，如报告、信件、信号，是问题信息域的一部分。

(3) 发生或事件，如一次传输或一系列动作的完成，在系统操作的有关时刻发生。

(4) 角色，如管理者、系统分析员、程序员、销售人员。

(5) 组织单位，如部门、团队、组。

(6) 场所，如总台、编辑部、酒吧。

(7) 结构，如程控交换机、采访车或计算机，定义一个对象类或对象的相关类。



通过仔细阅读需求，找出问题域的有关对象，可以采用以下两种方法。

(1) 基于语言的信息分析方法（LIA）。

主要思想：先对要建立的系统及其需求用自然语言描述；然后对这些描述进行语法分析，提取描述中的名词作为对象，形容词作为属性，动词作为服务（方法）；再填入一张OOA/OOD工作表格；最后对表中的项进行分析，从中确定问题域的对象。

(2) 三视图模型法（3VM）。

观察一个事物的角度不同，将得到不同的视图。从多个角度观察得到的同一个事物的多个视图更能完整地、全面地反映该事物。

LIA 法要求分析人员从众多的候选对象中识别出目标系统的对象，这依赖于分析人员的抽象和分析能力，随意性大，可操作性不强。

LIA 法提供了一个发现对象的出发点，一般将该方法用于对象模型建立的初始阶段。

3VM 法也依赖于分析人员的抽象和分析能力，但该方法提供了分析对象的入口点和细化方法，具有相对较强的操作性。

3VM 法一般用于对象模型的细化，该方法用到的三个视图分别为：

(1) 实体-关系模型(E-R)：常用于分析和设计数据库系统，被认为是信息视图。

(2) 数据流模型(DFD)：用于功能分析，被认为是功能模型。

(3) 状态-迁移模型：事件-响应模型或状态-迁移模型，被认为是动态视图。

3VM 法支持从信息、功能和动态三个视图来分析问题域。

下面对电梯控制系统进行分析，先采用 LIA 法给出候选对象的清单，然后用 3VM 法逐步细化。

**1. 识别对象**

用 LIA 法从电梯控制系统的描述中识别出原始对象。

电梯相关条目(27 条)：电梯、无乘客的电梯、电梯到达、电梯容量、电梯线路、电梯控制程序、电梯控制系统、电梯控制器、电梯门、电梯内部、电梯内部锁、电梯中断、电梯生产厂商、电梯机制、电梯马达等。

按钮相关条目(19 条)：相应的按钮、按钮列、按钮、按钮被按下、按钮发光、按钮号码、目的地按钮、下行按钮、下行按钮向量中断、下行召唤按钮、楼层召唤按钮、按钮面板、召唤按钮中断、上行召唤按钮等。

**2. 筛选对象**

并不是所有对象都属于系统，对于不属于系统的对象，必须剔除。

找出候选对象的依据为：

(1) 包含的信息。只有该对象的信息对于系统运转是必不可少的。

(2) 需要的服务。对象必须具有一组能以某种方式改变其属性值的操作。

(3) 多重属性。在需求分析中，重点应放在主要的信息上，一个只有一个属性的对象也许确实有用，但把它表示成另一个对象的属性可能会更好。

(4) 公共属性。适用于对象出现的所有场合。

(5) 公共操作。适用于对象出现的所有场合。

(6) 基本需求。出现在问题域中，生成或消耗对系统操作很关键的信息的外部实体，几乎总是被定义为分析模型中的对象，如上述候选对象中的电梯内部、电梯内部锁、电梯中断、电梯生产厂商等，不满足选择对象的依据，可以剔除掉。

对于一些难以判定的对象，可以通过 3VM 法来判定。

建立三视图的过程中，有可能又有新的对象出现。

**3. 电梯控制系统的三视图**

电梯控制系统的三视图模型为：实体-关系模型、数据流模型(也用上下文图表示)、状态-迁移模型(也用事件响应模型表示)。电梯控制系统的上下文图(数据流模型)如图 4-8 所示。

数据流模型确定了全局的系统边界，外部实体表示了数据流的源点和汇点。

实体联系图是信息模型。在电梯控制系统中，只需要存储电梯所到达的楼层、当前的召

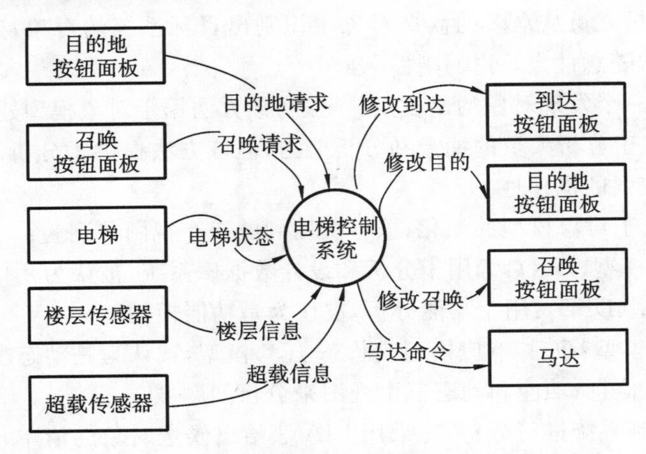

图 4-8　电梯控制系统的上下文图(数据流模型)

唤、所要去的目的楼层等信息，而并不需要存储过多和复杂的数据。电梯控制系统的实体联系图如图 4-9 所示。

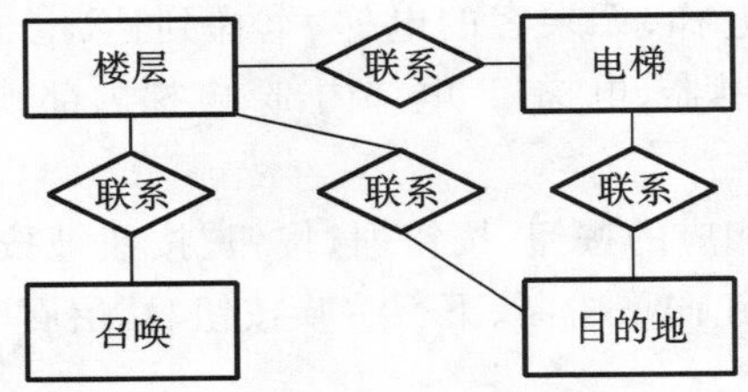


图 4-9　电梯控制系统的实体联系图

没有存储数据的对象不适合用 E-R 图表达，比如识别事件发生的对象、执行一个控制功能的对象等。

电梯控制系统主要是对上述信息产生反应，事件响应模型更为重要。事件响应的对应关系如表 4-1 所示。

表 4-1　事件响应的对应关系

| 事　件 | 响　应 |
| --- | --- |
| 1. 召唤电梯 | 1. 修改召唤按钮面板<br>2. 按电梯调度策略调度 |
| 2. 目的地请求 | 1. 修改目的地按钮面板<br>2. 按电梯调度策略调度 |
| 3. 电梯到达目的楼层 | 1. 修改到达按钮面板<br>2. 修改目的地按钮面板<br>3. 修改召唤按钮面板<br>4. 电梯停留在楼层上 |
| 4. 电梯到达非调度楼层 | 修改到达面板 |
| 5. 电梯就绪 | 按电梯调度策略分派电梯 |
| 6. 电梯超载 | 停止电梯分派工作 |
| 7. 电梯未超载 | 继续开始电梯分派工作 |

电梯始终处于四个状态中的某个状态，如图 4-10 所示。

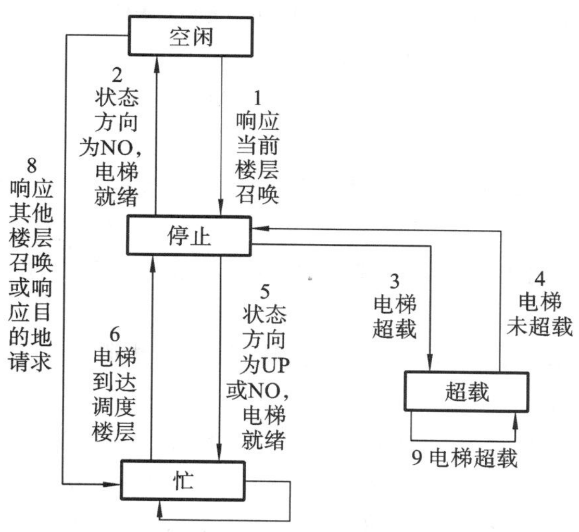


**图 4-10　电梯控制系统的状态迁移图**

空闲状态：电梯未运行，也不打算运行，其运行方向和状态方向为 NO。

停止状态：电梯没有运行，但不处于“就绪”状态，电梯的门是开的，其运行方向为 NO，状态方向可以为 UP、DN、NO。

忙状态：电梯处于运行状态，运行方向为 UP 或 DN，其状态方向可以为 NO。

超载状态：电梯不能运行。

电梯周而复始地在这些状态间迁移。

空闲=>停止：当电梯所停留的楼层有召唤事件（表 4-1 中的事件 1）时，电梯门就打开。

空闲=>忙：当电梯非所停留的楼层有召唤事件（表 4-1 中的事件 1）或电梯目的地按钮被按下（表 4-1 中的事件 2）时，电梯就向目的楼层或有召唤请求的楼层运行。

停止=>超载：电梯超载（表 4-1 中的事件 6）时。

停止=>空闲：当电梯“就绪”（表 4-1 中的事件 5）时。

当电梯就绪（表 4-1 中的事件 5）时：①若其状态方向是 NO，电梯状态就从停止=>空闲；②若其状态方向是 UP 或 DN，电梯状态就从停止=>忙。

忙=>停止：当电梯到达调度楼层（表 4-1 中的事件 3）时。

当电梯到达非调度楼层（表 4-1 中的事件 4）时，其状态仍处于忙状态。

超载=>停止：当电梯未超载（表 4-1 中的事件 7）时。

**4. 最后确定的对象**

三视图是从三个不同的角度描述同一个系统，不同应用系统的侧重点不同。

对于图书管理、人事管理等事务系统，主要是存储信息。在对这样的问题域进行分析时，实体联系视图（即信息视图）更为重要；对于电梯控制等事件响应的控制系统而言，动态模型即事件响应模型就比较重要。

在电梯控制系统中，对事件响应模型中出现的对象应给予足够的重视。最后确定的电梯控制系统对象和确定原因为：

到达事件（arrival event）：直接从事件-响应模型中得到，它封装了电梯到达某一楼层（无论是否是计划要去的楼层)时必须要执行的各种任务。

到达面板(arrival panel):由到达指示灯得到。到达指示灯位于到达面板上,各个指示灯表示的信息实际上是由面板传递到控制系统的。

目的地事件(destination event):直接从事件-响应模型中得到,它封装了电梯如何知道目的地请求的秘密。

目的地面板(destination panel):从目的按钮得到。按钮是与实现有关的技术,是人-机界面的一部分。

电梯(elevator):封装了电梯管理和控制所需要的数据和各种用于报告电梯当前状态的服务。

电梯马达(elevator motor):包含了各种控制服务,这些服务也可以包含在电梯对象中,从而省略掉电梯马达对象。

把电梯马达作为一个单独的对象是为了更好的扩充性和简洁性。如果电梯更换一个新型的马达,那么电梯马达这个对象可以隐藏马达技术特性的改变,即只需要修改马达这个对象。楼层(floor)实现如何派送电梯的功能。如果电梯即将到达或已经到达某楼层,则称该楼层占有电梯。只有占有电梯的楼层才能够改变电梯的状态。当电梯运行时,电梯就相继被各个楼层所占有。任何一个时刻,只有一个楼层占有该电梯。此外,电梯控制系统对象还包括:超载传感器(overweight sensor),用来封装电梯超载的秘密;召唤事件(summons event),同前面所述的目的地事件;召唤面板(summons panel),同前面所述的目的地面板;最终确定的对象-类层(见图 4-11)。

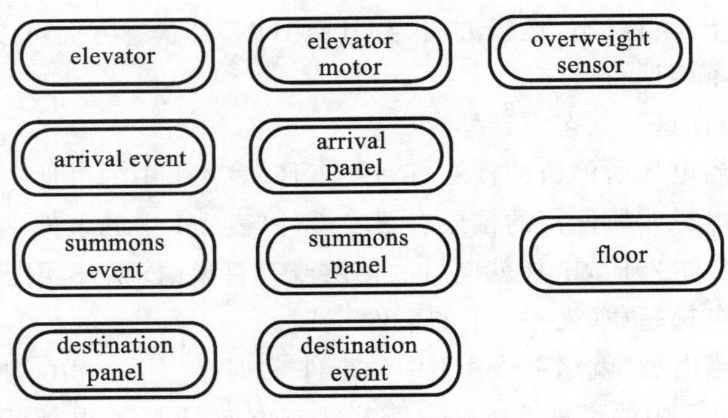


图 4-11　电梯控制系统的对象-类层

### 4.2.3　建立结构

前面定义了对象,比较深入地认识了对象的内部特征。但是对象之间还存在着更为复杂的外部特征,建立结构就是从对象的外部研究其结构特征,从而从更深层次达到认识对象的本质和规律的目的。

对象(及对象类)之间存在两种结构关系:分类关系和组成关系。对象之间的分类关系,即对象类之间的一般-特殊关系(继承关系),用一般-特殊结构(is a kind of)表示;对象之间的组成关系,即整体-部分关系,用整体-部分结构(is a part of)表示。

**1. 一般-特殊结构**

一般-特殊结构是指由一组具有继承关系的类组成的结构。

为简化特殊类的描述,面向对象方法通过继承机制,使一般类中已经定义的属性与服务不必再在特殊类中显式地定义，只要指明一个类是另一个类的特殊类，继承机制将保证特殊类自动地拥有一般类的全部属性与服务。

一般-特殊结构是问题域的事物之间客观存在的一种关系。在 OOA 模型中建立这种结构，是为了使系统模型更清晰地映像问题域中事物的分类关系。

1）识别一般-特殊结构

识别一般-特殊结构采用的策略如下。

(1) 学习当前领域的分类学知识。

分类是一门学问，在许多行业和领域已经形成了一套科学的分类方法。分析人员应该学习一些与当前问题域有关的分类学知识，按照本领域已有的分类方法，可以找出与其对应的分类结构。

(2) 按常识考虑事物的分类。

如果该问题域没有可供参考的现行分类方法，可以按常识，从各种不同的角度考虑事物的分类，从而发现分类结构。

(3) 考察类的属性与服务。

通过分析系统中每个类的属性与服务，发现新的分类结构。具体操作方法是分析一个类的属性与服务是否适合这个类的全部对象。如果只适合该类的一部分对象，说明应该从该类中划分出一些特殊类，建立一般-特殊结构。

划分特殊类的策略如下。

①自顶向下的策略。

例如，公司人员这个类，如果有股份和工资两个属性，则说明这两个属性不适合所有对象。如图 4-12 所示，股份和工资分别放到两个特殊类中。

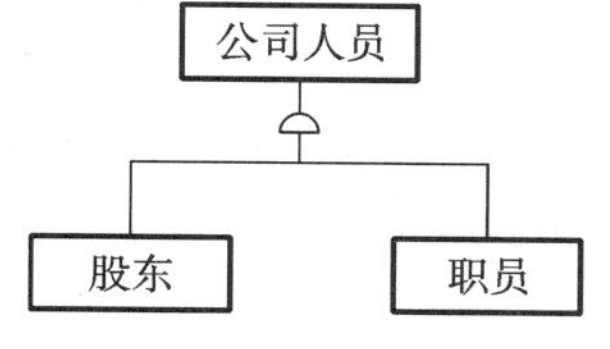


**图 4-12　公司人员的分类**

②自底向上的策略。

通过抽象出现有类中的共同属性，构造一个父类。

例如，系统原先定义了股东和职员两个类，它们的姓名、身份证号码等属性是相同的，提取这些属性构成一个公司人员类，与股东和职员组成一般-特殊结构。

(4) 考虑领域范围内的复用。

应尽可能地开发一些复用性更强的类构件。

例如，宾馆管理系统定义了客人类。建立一个一般-特殊结构的客人类，该类定义了各种客人(团体成员、散客、会议成员等)的共同属性与服务。散客继承客人的属性与服务，并定义自己的特殊属性与服务，客人类就成了本系统复用的领域构件。

2）电梯控制系统实例

在电梯控制系统中，分析到达面板和目的地面板，发现其有共同的属性，可以自底向上抽象出现有类中的共同属性，构造一个面板父类。

同样，可构造一个电梯事件、到达事件和召唤事件的父类，如图 4-13 所示。

**2. 整体-部分结构**

整体-部分结构用于描述系统中各类对象之间的组成关系。

通过整体-部分结构，可以看出某个类的对象以另外一些类的对象作为其组成部分。该结构体现了面向对象方法的聚合原则，是 OOA 表示复杂事物的另一个重要手段。

例如，一辆汽车由一部发动机、一个车身和四个轮子构成。

整体-部分结构确切地反映了事物之间的组成情况，包括更加复杂的情况。因此，整体-

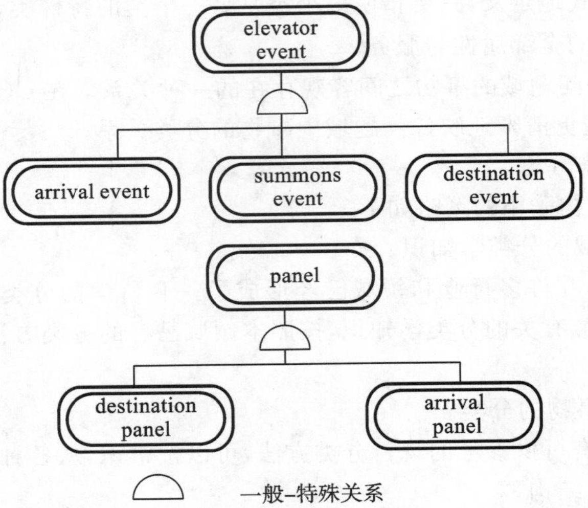

图 4-13 电梯控制系统的一般-特殊结构

部分结构可使 OOA 模型清晰地表达问题域中事物的复杂构成关系。识别组成关系的基本策略如下。

1）物理上的整体事物和它的组成部分

整体-部分关系是大量存在的，也是最容易发现的，例如计算机和零部件。

2）社会组织的集团与成员

社会组织机构与其下属机构的关系以及团体与其成员之间的关系都属于整体-部分关系。整体-部分关系也可以推广到其他事物中，例如联合舰队与航母、护卫舰、潜艇等。

3）一种事物在空间上包容其他事物

例如，生产车间中有机器、管理人员和工人，可把生产车间看作整体对象，而把机器、管理人员和工人看作部分对象。

4）抽象事物的整体与部分

例如，学科和分支学科、法律与法律条款等。

整体-部分结构是一种表达能力很强的系统构造手段，可用来描述更为复杂的 OOA 应用。

整体-部分结构可用于简化对象的定义、支持软件复用、表示数量不定的组成成分、表示动态变化的对象特征等。

对电梯控制系统的物理组成进行分析，可得到整体-部分结构，如图 4-14 所示。

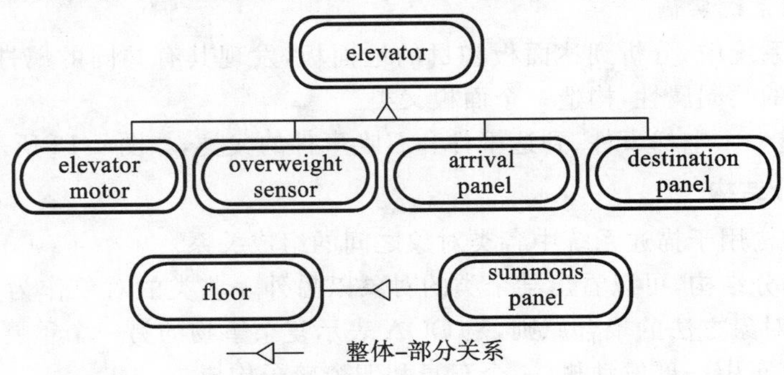


图 4-14 电梯控制系统的整体-部分结构

### 4.2.4 建立主题

可以通过建立多个主题来处理规模比较大的复杂模型，每个主题可以看作一个子模型或者一个分系统。

主题的概念是从观察者的角度来看的。分析人员可以根据子应用域、子系统，甚至是组织或物理组成等来确定主题。如果将一个主题看作应用域中的整体-部分关系，则对模型的建立更为有利。

不同主题间可以有重叠部分。对于那些复杂的模型，可以发现有不少对象存在于多个主题中。

采用自顶向下或自底向上的方法都可以建立主题，电梯控制系统采用了后者。特别要注意的是，多级主题很容易变成层次分解，即用面向对象符号表示数据流图。图 4-15 所示为电梯控制系统的主题层，该系统共有两个主题：主题一，电梯管理，主要用于控制硬件；主题二，电梯控制，主要是检测时间的发生，并对电梯进行相应的调度。

由于电梯控制系统的对象模型相对来说比较简单，因而主题的划分显得多余。但对于复杂系统而言，主题确实提供了建立对象模型的一个方法。

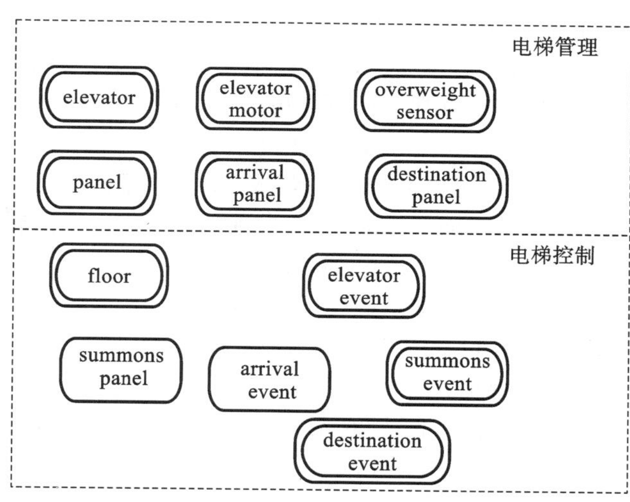


图 4-15　电梯控制系统的主题层

### 4.2.5 确定属性

发现对象只是完成了 OOA 最初的一步，下面的工作就是识别对象的内部特征，即定义对象的属性和服务。

问题域中事物的特征可分为静态特征和动态特征。静态特征可以通过一些资料来表示，例如人的姓名、性别、单位等信息；动态特征表明事物的行为，只能用一系列操作来表示，例如人所要完成的各项工作。

面向对象方法用对象表示问题域中的事物，用对象中的一组属性和一组服务来表示事物的静态特征和动态特征。

属性和服务的定义是：属性是描述对象静态特征的数据项，服务是描述对象动态特征（行为）的操作序列。

在 OOA 过程中，只有给出对象的属性和服务，才算对这个对象有了确切的认识和定义。

属性和服务也是对象分类的根本依据——一个类的所有对象,应该具有相同的属性和相同的服务。

按照面向对象方法的封装原则,一个对象的属性和服务是紧密结合的,对象的属性只能由这个对象的服务存取。

对象的服务分为内部服务和外部服务:内部服务(private)只供对象内部的其他服务使用,不对外提供;外部服务(public)对外提供一个消息接口,通过这个接口接收对象外部的消息并为之提供服务。

对于面向对象方法的初学者而言,了解属性和服务的实现技术,有助于加深对这两个概念的理解。本节给出确定属性的方法。

**1. 确定属性的一般方法**

确定属性的过程包括两个步骤:分析和选择。

1) 分析

从系统需求描述中,有时不能找出所有属性,必须借助于专业领域知识与常识才能得到属性。

确定属性的策略与启发原则如下。

(1) 按一般常识这个对象应该有哪些属性?

例如,人的姓名、职业、地址、电话号码等属性,都很容易想到。注意,按照一般常识发现的属性有时未必真正有用,应该在审查时去掉那些无用的属性。

(2) 在当前的问题域中,对象应该有哪些属性?

对象的有些属性只有在认真地研究当前问题域后才能得到。例如商品的条形码,平常人们并不注意它,而考虑超市这类问题域时,则会发现它是必须设置的属性。

(3) 根据系统责任的要求,对象应具有哪些属性?

对象的有些属性,只有具体地考虑系统责任后才能确定是否需要。例如,宾馆管理系统中有关客人的"特殊要求"属性,就和系统责任有密切关系。

(4) 建立对象是为了保存和管理哪些信息?

例如,在商场管理系统中,建立"商品"对象是为了向系统提供有关商品的哪些信息?通过这个问题发现的信息应该由对象的属性来表示。

(5) 对象为了在服务中实现其功能,需要增设哪些属性?

例如,实时监控系统的传感器对象,为实现其定时采集信号的功能,需要一个"时间间隔"属性;为实现其报警功能,需要一个"临界值"属性。

(6) 对象有哪些需要区别的状态?是否需要增加一个属性来区别这些状态?

例如,设备在"关闭"、"待命"和"工作"等不同状态下系统中的行为是不同的,需要在"设备"对象中设立一个"状态"属性来表示实际设备的不同状态。



2) 选择

对分析后产生的属性进行选择,从中删除不正确或不必要的属性。

对每个属性应提出以下问题:

(1) 该属性是否提供了系统中有用的信息?

例如,一本书有长、宽、高和重量等属性,但是在图书馆管理系统中,这些属性没有用,就应该丢弃。

(2) 该属性是否描述这个对象本身的特征?

例如,在教学管理系统中,"课程"对象应该设"主讲教师"属性,但是把教师的住址、电话号码作为“课程”对象的属性就不合适了。应该把“住址”和“电话号码”作为“教师”对象的属性，这可以与问题域形成良好的对应，避免概念上的混乱和信息的冗余。

(3) 该属性是否破坏了对象特征的“原子性”？

所谓“原子性”，即不可再分性。如通信地址，包括国家、省、城市、街道、门牌号码和邮政编码等内容，但这些内容在概念上是不可分的。在定义“人员”对象的属性时，应该使用一个“通信地址”属性。

如发现属性的设置破坏了原子性，则应加以修改。

(4) 该属性是否可以通过继承得到？

(5) 可以从其他属性直接导出的属性。

如“人员”对象有“出生年月”属性，则“年龄”属性不必再保留。

**2. 电梯控制系统对象的属性**

电梯控制系统中的12个类的属性如表4-2所示。

**表4-2 电梯控制系统中的12个类的属性**

| 对象名称 | 属性名称 | 备注 |
|---|---|---|
| arrival event | arrival_id | 唯一表示该到达事件的ID |
| | arrival_floor | 所到达的楼层 |
| | elevator_id | 电梯的唯一标识 |
| arrival panel | arrival_panel_id | 到达面板的唯一标识 |
| destination event | destination_id | 目标事件的唯一标识 |
| | destination_floor | 到达的目的楼层 |
| | elevator_id | 电梯号 |
| destination panel | destination_panel_id | 目的地面板的唯一标识 |
| | destination_pending | 计划要到达的 |
| elevator | elevator_id | 电梯的唯一标识 |
| | current_direction | 电梯当前运行的方向 |
| | current_floor | 电梯当前到达的楼层 |
| | current_state | 电梯当前的状态 |
| | status_direction | 电梯计划中的方向 |
| elevator event | event_id | 电梯事件的唯一标识 |
| | floor_id | 发生电梯事件的楼层 |
| elevator motor | elevator_motor_id | 电梯电机 |
| floor | floor_id | 楼层号 |
| | elevator_id | 电梯的唯一标识 |
| overweight sensor | overweight_sensor_id | 超载传感器的标识 |
| | overweight_status | 是否超载标志 |
| panel | panel_id | 面板的唯一标识 |
| | elevator_id | 电梯的唯一标识 |

续表

| 对象名称 | 属性名称 | 备 注 |
|---|---|---|
| summons event | summons_id | 召唤事件的唯一标识 |
| | summons_type | 召唤事件的类型 |
| | summons_floor | 召唤的楼层 |
| summons panel | summons_panel_id | 召唤面板的唯一标识 |
| | summons_pending_up | 上行召唤标志 |
| | summons_pending_down | 下行召唤标志 |

### 4.2.6 确定消息和服务

**1. 一般方法**

通过分析对象的行为，可以发现和确定对象的每一个服务。

1) 服务的分类

服务一般可以分为三大类：①以某种方式（如添加、删除、修改、选取）处理资料；②执行一次计算；③监控对象某个控制事件的发生。发现和确定对象的服务与OOA的其他活动一样：

- 应借鉴以往同类系统的OOA结果，尽可能地加以复用；
- 应研究问题域和系统需求功能，以明确各个对象应该设立哪些服务以及如何确定这些服务。

2) 确定服务

确定服务的策略与启发原则如下。

(1) 考虑系统责任。

对象的服务是最直接体现系统责任并实现用户需求的要素，因此更强调对系统责任的考察。要逐项审查用户需求中提出的每一项功能要求，看看这些要求应该由哪些对象来提供，从而设立相应的服务。

(2) 考虑问题域。

对象在问题域中具有哪些行为？其中哪些行为与系统责任有关？应该设立何种服务来模拟这些行为？

(3) 分析对象的状态。

找出对象生存历程中所经历的（或可能呈现的）每一种状态，并同时提出下述问题：在每一种状态下对象可能发生什么行为？应该由什么服务来描述？对象从一种状态转换到另一种状态是由什么操作引起的？是否已经设立了相应的服务？

(4) 追踪服务的执行路线。

在上述原则的启发下，大多数服务已被发现。模拟每个服务的执行并追踪其执行路线，可以帮助分析人员发现遗漏的服务。以穷举式的搜索一直进行到全部服务都被模拟。

对执行路线的一次跟踪可以同时起到两种作用：既可发现一些服务，又可发现一些消息连接，二者都应及时加到模型中。

为确定对象的服务，分析人员应该再次研究问题的过程（或问题域）描述，选择合理的属于对象的服务。为达到该目的，可以再一次分析语法，找出动词。某些动词是合法的服务，很容易与某个特定的对象相联系。

**2. 事件-响应对象交互图法(EROI)**

为了更精确地确定消息和服务，还要将注意力放到对系统所建立的三视图上。上下文图是功能视图，分解到低层的功能可能就是一个服务。事件-响应视图是动态模型，对事件的响应可能就是一个服务或消息。

事件-响应对象交互图是一种用面向对象概念来集成各种事件-响应分析的工具。事件-响应模型中，每个事件都与一个 EROI 图发生关联。EROI 图包含许多垂直的线条，每根垂直的线条都代表了 OOA 模型中的一个对象-类，如图 4-16 所示。

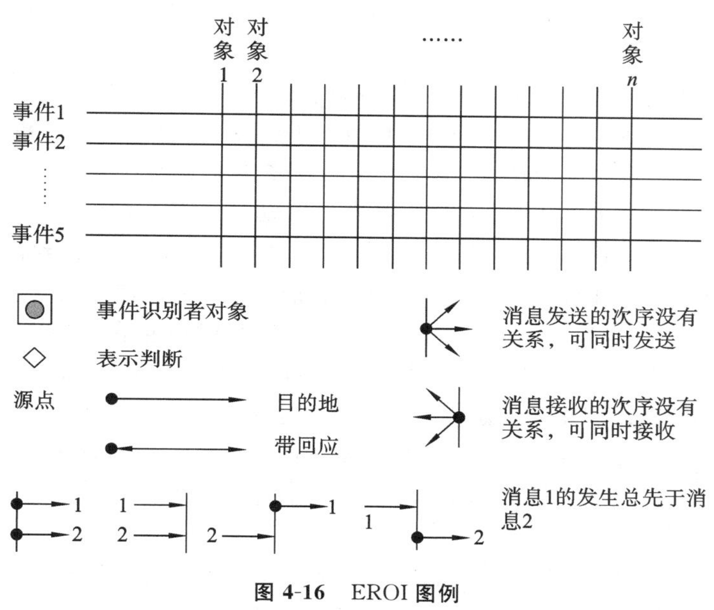


**图 4-16　EROI 图例**

EROI 图的特点如下：

(1) EROI 图显示了由哪个对象-类识别事件的发生。

(2) 根据所识别的时间，指定的对象-类可能会生成一些消息，这些消息就会从识别事件的对象-类发送到目的地的对象-类。

(3) 消息由带方向的箭头表示。如果还有同步的响应生成，就采用双向的箭头表示。

(4) EROI 图的垂直方向代表时间，也就是说，如果一个消息画在另外一个消息的下面，则认为该消息的发生晚于后者。

**3. 电梯控制系统实例**

表 4-1 给出了电梯控制系统的事件响应模型，共有七个事件，对应七个 EROI 图。以电梯到达调度楼层和电梯到达非调度楼层为例。

事件的识别和消息的交互如下：

(1) 如图 4-17 所示，当电梯到达某一楼层时，就会产生一个电梯到达事件 arrival event，其属性有：

该到达事件的唯一标识：arrival_id。

生成到达事件的电梯：elevator_id。

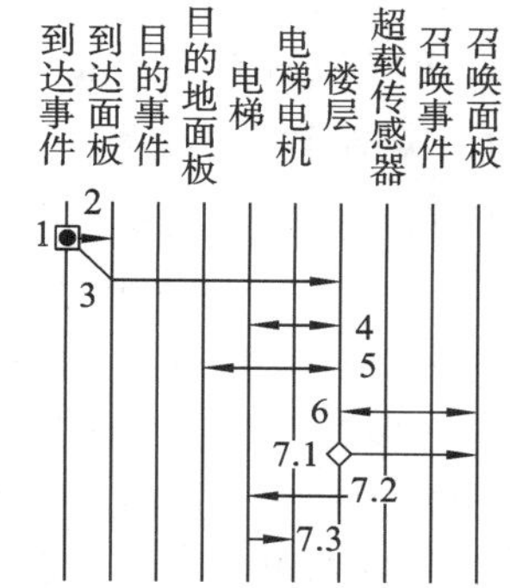


**图 4-17　电梯到达调度楼层 (ECS/OOA EROI 图)**

生成该到达事件的楼层：arrival_floor。

(2) 电梯到达事件生成后，会向与 elevator_id 相关联的到达面板发送一个单向的消息，该消息是 arrival_floor(电梯 elevator_id 所到达的楼层)，与 elevator_id 相关联的到达面板根据收到的消息刷新到达面板的显示。

(3) 电梯到达事件会向与 floor_id 相关联的 floor 发送一个单向的消息，该消息是 arrival_id，report_elevator_id，report_arrival_floor_id(到达事件的唯一标识，电梯的唯一标识，到达的楼层号)。

(4) 楼层 floor 收到上述消息后，由服务 floor. process_elevator_arrival_处理。该服务将向电梯 report_elevator_id 发送一个双向的消息：report_status_direction?，report_current_direction?

(5) floor 向与 report_elevator_id 所关联的电梯的目的地面板发送一个双向消息：report_arrival_floor，destination_pending_above?，destination_pending_below? 目的地面板收到该消息后，即可知道楼层 report_arrival_floor 是否是调度楼层。

(6) floor 向与 arrival_floor 所关联的召唤面板发送一个双向消息：report_summons_pending_up? report_summons_pending_down?。该楼层的召唤面板收到该消息后，相应的服务即可报告该楼层的召唤请求是上、下还是没有请求。知道了该楼层是否有召唤，以及电梯的状态方向和当前的运行方向等信息后，即可判定该楼层是否是调度楼层。

(7) 如果是调度楼层(这里假设是该楼层的召唤导致的)，则 7-1 floor 向与其相关联的召唤面板对象发送消息，使其刷新面板；7-2 floor 向与 report_elevator_id 所关联的电梯发送消息。电梯接收到消息后，更新其当前状态 current_status，current_direction，status_direction 等；7-3 floor 向与其关联的电梯电机对象发送停止消息(stop)。

(8) 到达事件结束。

电梯到达非调度楼层的 EROI 图与图 4-17 类似(前 7 步是相同的)，只是在判断是非调度楼层后，只需向目的地面板发送消息，使其更新面板即可。

EROI 图表达的信息是丰富的。根据三视图等得到的消息服务在 EROI 图中得到了动态的表达。EROI 图和三视图并不是一次就能完成的，而是经过反复的递归修改得到的。

通过 EROI 图的描述，可以比较详尽地得到一些对象-类的消息和服务。

### 4.2.7 实例连接

实例连接用于表示某个对象的属性或服务需要其他对象的参与才能实现，即一个对象对另一个对象的依赖关系。

**1. 实例连接的分类**

实例连接分为三种类型：

(1) 一对一型：一个对象只依赖于另外一个对象，如一个飞行员驾驶一架飞机。

(2) 一对多型：一个对象同时依赖多个对象，如一个教师指导五个学生的毕业设计。

(3) 多对多型：相互依赖的对象数在一个以上，如全班三十名学生学习六门课程。

OOA 的一个重要任务就是找出所有对象的实例连接。对于简单的实例连接(一对一、一对多)，只需用两端标明数字的连接对象即可；而对于复杂的特殊情况的实例连接，则要采用复杂的实例连接方法处理。

**2. 复杂的实例连接的处理方法**

1）使用带有属性的实例连接

例如，在教师（五个）和被指导的学生（多个）之间不仅指出连接关系，同时还给出论文题目、答辩时间、成绩等属性信息。

2）使用带有服务的实例连接

例如，在 $n$ 个用户和 $m$ 个工作站之间的连接关系中给出优先级、使用权限、交互式对话等属性和服务信息。

3）增加对象类，简化复杂的实例连接

对于多对多的连接情况，可以通过增加一个“交互”对象类来简化复杂的实例连接。

教师和学生，当需要指出论文题目、答辩时间等信息时，增加一个“毕业论文”对象类，在教师和学生间建立简单的实例连接。

**3. 电梯控制系统实例**

图 4-18 所示为电梯控制系统实例连接图，图中若到达事件和到达面板再发生关系，则因为到达面板和电梯是一对一的关系，电梯和到达事件是多对一的关系，这样就出现了冗余的关系。对于出现的冗余的关系，一般要给予消除。

注意：实例连接图中不能出现闭合回路。

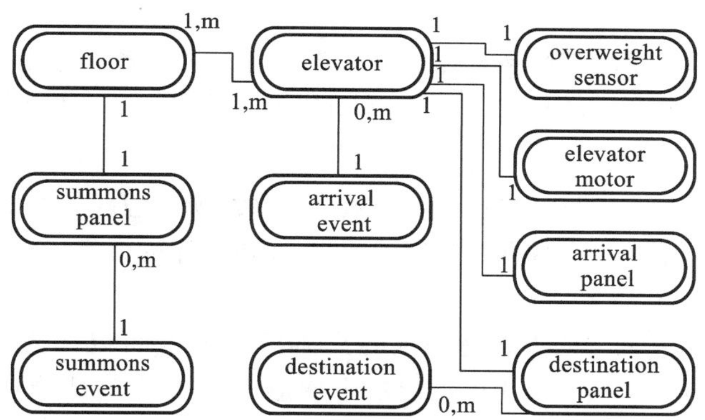


**图 4-18 电梯控制系统实例连接图**

总而言之，面向对象分析是通过分析问题域来建立 OOA 模型，它的任务包括确定对象（LIA、3VM）、建立结构（一般-特殊结构、整体-部分结构）、建立主题（降低复杂性）、确定属性（先分析再选择）、确定消息和服务（EROI 图）、确定实例连接（对象间的依赖）。

##  4.3 面向对象设计

面向对象方法中，OOA 和 OOD 之间有密切的衔接关系。OOA 是提取和整理用户需求，并建立问题域精确模型的过程，在分析建模过程中，以对象为中心，可以不考虑任何与特定计算机有关的问题；而 OOD 则是用面向对象方法建立求解域模型的过程，是针对计算机的开发活动。

### 4.3.1 OOD 概述

OOD 的目标是生成对问题域的表示，并将这种表示映射到计算机的求解域中。与传统方法不同的是，OOD 把数据对象和处理操作连接起来，把数据和处理一起模块化。

由于面向对象方法在概念和表示方法上具有一致性，因此分析和设计的界限比较模糊，许多分析结果可以直接作为设计结果，而在设计过程中又会反过来加深和补充对系统需求的理解。因此，分析和设计活动是一个反复交替进行的过程。各项开发活动之间可以做到无缝衔接，使得开发人员比较容易地追踪整个系统的开发过程，这是面向对象方法的一大优势所在。

从 OOA 过渡到 OOD 是一个自然而平滑的过程。OOA 的终点即是 OOD 的起点。

OOA 建立在“完美”技术模型的基础上，如认为对象具有无限的存储容量，对象间的通信速度无限快，每个对象知道如何与外界通信等，而 OOD 正是为了消除这些假设。Coad 和 Yourdon 提出从以下四个方面考虑：问题域部分(problem domain component，PDC)、人-机接口部分(human interface component，HIC)、任务管理部分(task management component，TMC)、数据库管理部分(database management component，DMC)。

**1. 问题域部分**

问题域部分是为了消除对象具有无限的存储容量、对象间的通信速度无限快等假设。

**2. 人-机接口部分**

人-机接口部分是为了将系统和外界的通信任务由特定的对象承担，使系统的功能和实现相分离。如果系统与外界的接口发生改变，只需要改变这部分对象即可。

**3. 任务管理部分**

任务管理部分是为了将系统和具体的操作系统提供的任务调用由特定的对象来承担。如果操作系统的环境改变，只需要改变这部分对象即可。

**4. 数据库管理部分**

数据库管理部分是为了将系统和由特定数据库系统所管理的数据的访问由特定的对象来承担。如果系统应用一些由数据库管理的数据，而数据库的类型或结构发生改变，则只需要改变这部分对象即可。

OOD 和 OOA 在表示方法上也是一致的。OOA 的结果可以作为 OOD 中问题域部分的一个原始版本，以其为中心，在相应的层次上构造出人-机接口部分、任务管理部分、数据库管理部分，如图 4-19 所示。

OOA 最终分析结果、问题域部分、人-机接口部分、任务管理部分、数据库管理部分和系统外界环境的关系如图 4-20 所示。

### 4.3.2 问题域子系统的设计

在 OOA 阶段，得到有关问题域的精确模型，建立求解域的总体框架。

在 OOD 阶段，改进和增补 OOA 中得到的结果，主要是根据需求的变化，对 OOA 产生的模型中的某些类与对象、结构、属性及服务进行组合与分解，调整继承关系等。

**1. 问题域部分的主要任务**

问题域部分的主要任务是调整需求、复用设计(类)、组合问题域相关的类、增添一般化类来建立类之间的联系、调整继承层次、改进性能及加入较低层的构件等。

1) 调整需求

由于用户需求或外部环境经常发生变化以及对问题域的理解不断深入，因此需要修改已经确定的系统需求。通常是简单地修改 OOA 结果，然后再把这些修改反映到问题域子系统中。

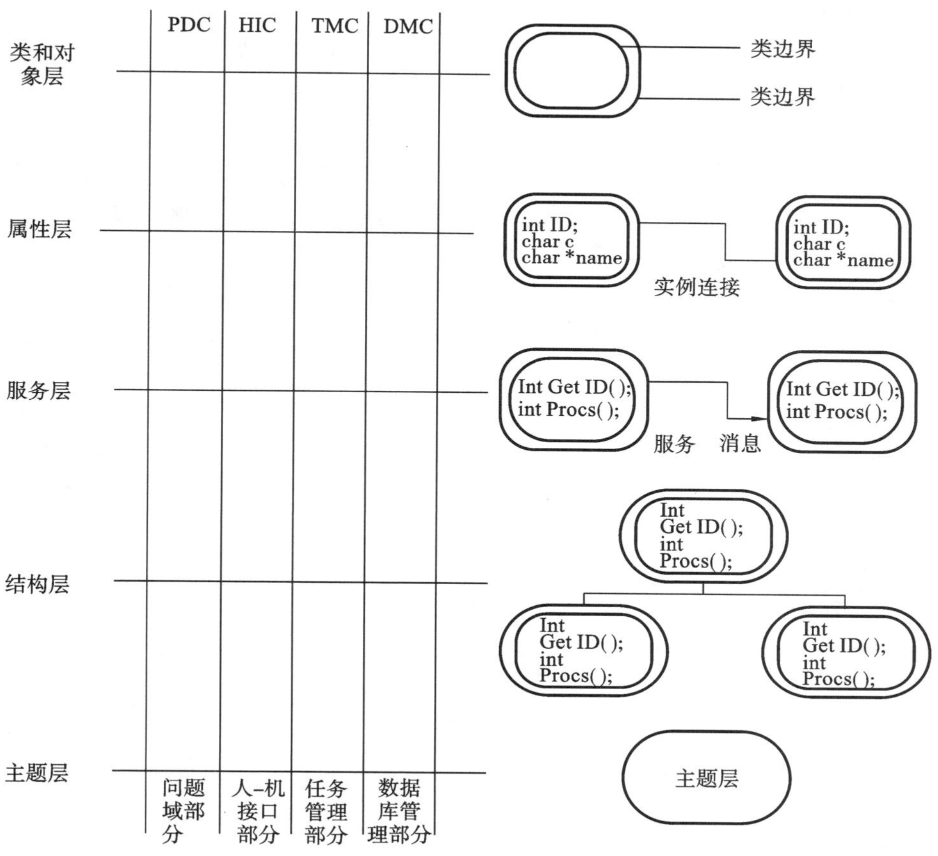


图 4-19 OOD 总体结构模型

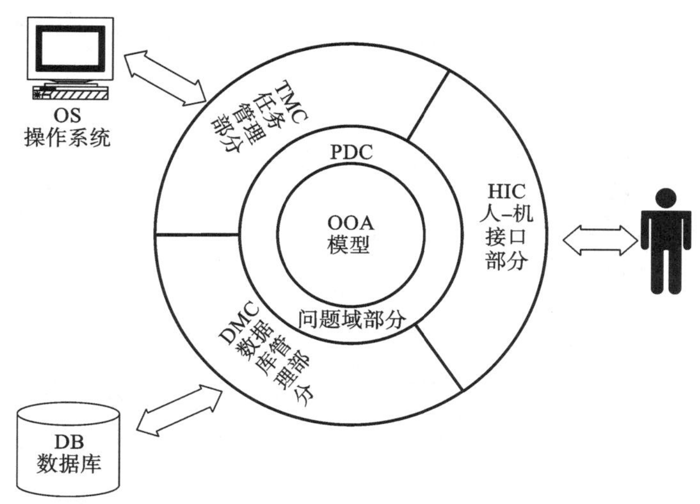


图 4-20 OOA 最终分析结果、问题域部分、人-机接口部分、任务管理部分、数据库管理部分和系统外界环境的关系

2）复用设计

一般做法是：从类库或其他来源中寻找合适的类，并将已有的类加到问题解决方案中。设计新类时，要考虑将来的可复用性。

3）组合问题域相关的类

把类库中所有与问题域有关的类组合成一个根(container)类，建立类的层次。同一问题域的一些类集合起来，存于类库中。

4）增添一般化类来建立类之间的联系

在某些特殊类要求一组类似的服务时，应加入一个一般化类，定义为所有这些特殊类共用的一组服务名，这些服务都是虚函数，以后在特殊类中定义其实现，例如栈。

栈的C++类程序如下。

```
const int MaxSize=50;
template <class T>
class Stack
{ public:
    Stack(){};
    ~Stack(){};
    virtual void Push
        (const T &x)=0;
    virtual void Pop()=0;
    virtual T Top()const=0;
    virtual bool IsEmpty()
            const=0;
    virtual bool IsFull()
            const=0;
    };
```

顺序栈的C++类程序如下。

```
template<class T>
class SeqStack:public Stack<T>
{  public:
     SeqStack(int MaxSize);
     ~SeqStack();
     void Push(const T &x);
     void Pop();
     T Top()const;
     bool IsEmpty()const
         {return (top==-1);}
     bool IsFull()const
         {return (top==MaxTop);}
     void SetNull(){ top=-1; }
   private:
     T * s;
     int MaxTop;
     int top;
}
```

5）调整继承层次

如果OOA模型中包含多重继承关系，但实现时所使用的程序设计语言却并不提供多重继承机制，则必须修改OOA的结果。

6）改进性能

提高执行效率和速度是系统设计的主要指标之一。如果类之间经常需要传送大量消息，可合并相关的类。增加某些属性到原来的类中，或增加低层类，以保存暂时结果，避免重复计算。

7）加入较低层的构件

在进行面向对象分析时，分析员应注重高层的类和对象，避免考虑太多较低层的实现细节；但在进行面向对象设计时，必须考虑到底需要用到哪些较低层的类和对象。

**2. 电梯控制系统的问题域部分**

在建立电梯控制系统的问题域时，隐含了以下假设条件：

（1）电梯能够检测出电梯到达某一楼层的事件。

（2）电梯到达某一楼层的短时间内能决定它是否停下来。

（3）忽略了传感器技术，是否应该等到传感器的读数稳定以后才识别事件的发生？

（4）如果传感器是非智能的，在进行面向对象分析时，是否应该有专门的对象来轮询，并将结果传递给每一个封装传感器对象？

（5）电梯当前运行状态总是存在的。事实上，执行活动初始化和活动结束后的处理是必不可少的。

针对以上问题，在问题域的设计中增加以下对象或服务。

（1）电梯调度器对象（elevator schedule）：对电梯集中调度。

（2）电梯控制器对象（elevator controller）：控制和协调电梯的所有动作，与电梯调度器对象协同工作。

（3）电梯监视器对象（elevator monitor）：独立的全局对象，监测电梯的安全、性能等。

（4）每个类都增加一个新的服务 SelfTest，用于验证该类功能的正确性，并将结果向电梯监视器对象报告。

通过电梯监视器对象来监测电梯的安全、性能等，而不是将这些功能分散到各个不同的对象中，这是出于系统性能的考虑。电梯控制系统的问题域部分如图 4-21 所示。

### 4.3.3 用户界面子系统的设计

**1. 用户界面部分的主要任务**

OOA 给出了所需的属性和服务，在 OOD 阶段必须根据需求把交互的细节加入用户界面的设计中。人-机交互部分的设计结果，将对用户情绪和工作效率产生重要影响。

由于对人-机界面的评价在很大程度上由人的主观因素决定，因此使用原型系统设计策略。

用户界面的设计由以下几个方面组成。

1）用户分类

针对不同的使用对象，设计不同的用户界面。按技能层次分类：外行/初学者/熟练者/专家；按组织层次分类：行政人员/管理人员/技术人员/其他办事员；按职能分类：顾客/职员。

2）描述用户

- 用户类型。
- 使用系统的目的。

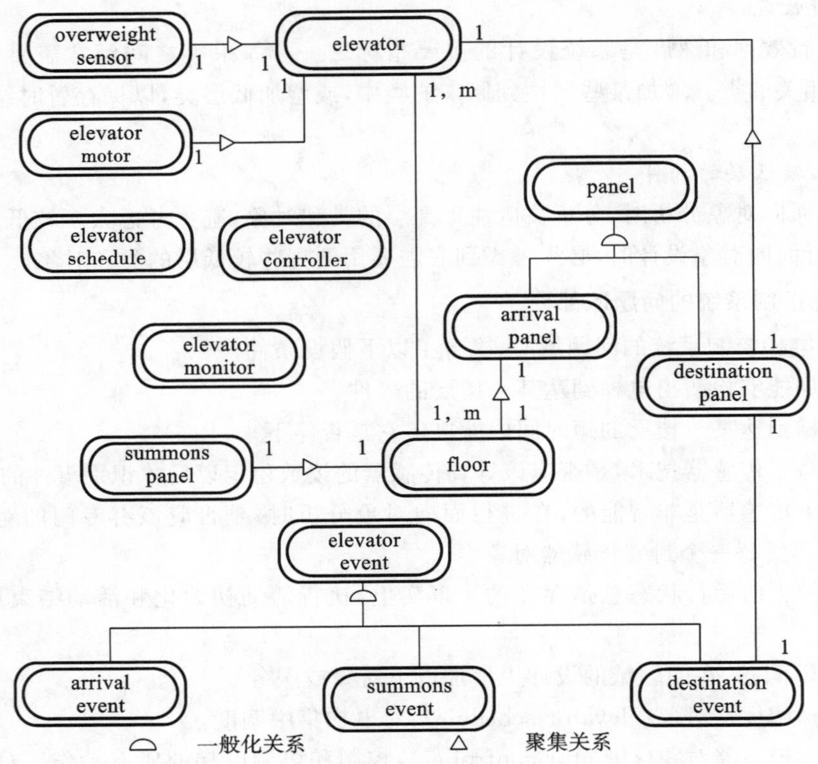


图 4-21　电梯控制系统的问题域部分

- 特征(年龄、受教育程度、限制因素等)。
- 关键的成功因素(需求、爱好、习惯等)。
- 熟练程度。
- 完成本职工作的任务脚本。

3) 设计命令层次

(1) 研究现行的人-机交互活动的内容和准则,这些准则可以是非形式的,如"输入时眼睛不易疲劳",也可以是正式规定的,如必须是窗口和对话框界面。

(2) 建立一个初始的命令层,如一系列菜单窗口,或一个菜单条,或一系列图标。

(3) 细化命令层。要考虑以下几个问题:

- 排列命令层次。使用最频繁的操作放在前面,按照用户工作步骤排列。
- 逐步分解,找到整体-部分模式,在命令层中对操作进行分块。
- 根据"7+2"或"每次记忆 3 块,每块 3 项"的特点,把深度尽量限制在 3 层之内。
- 减少操作步骤。

4) 详细的交互设计

用户界面设计的原则如下。

- 一致性:采用一致的术语、步骤和活动。
- 减少操作步骤:减少击键和鼠标单击的次数,减少完成某件事所需的下拉菜单的距离。
- 不要"哑播放"。
- 提供撤销命令。

- 减轻人脑的记忆负担：需要人按特定次序记忆的东西，应当组织好，以便于记忆。
- 易学：提供联机帮助信息。
- 趣味性：尽量采用图形界面。

5）继续做原型

用户界面原型是用户界面设计的重要工作。使用快速原型工具，对各种命令方式，如菜单、弹出、填充以及快命令做出一些可供选择的原型，让用户使用，收集用户的反映，通过修改使界面越来越有效。

6）设计人-机交互类

设计人-机交互类，首先从组织窗口和部件的用户界面的设计开始。窗口需要进一步细化。每个类包括窗口的菜单条、下拉菜单、弹出菜单的定义。还要定义用于创建菜单加亮选择项的相应操作。每个类还负责窗口的实际显示。所有有关物理对话的处理都封装在类的内部。

**2. 电梯控制系统的人-机接口部分**

前面描述了设计人-机交互部分的一般方法，它既适用于一般的事务系统，如 MIS 系统等，也适用于事件驱动控制系统，如电梯控制系统。

对于电梯控制系统，其人-机交互是由各种按钮、指示灯以及它们的接口组成的。在电梯控制系统中，不存在屏幕、窗口、菜单等前面提到的常规用户界面设计。电梯控制系统的人-机接口部分如图 4-22 所示。

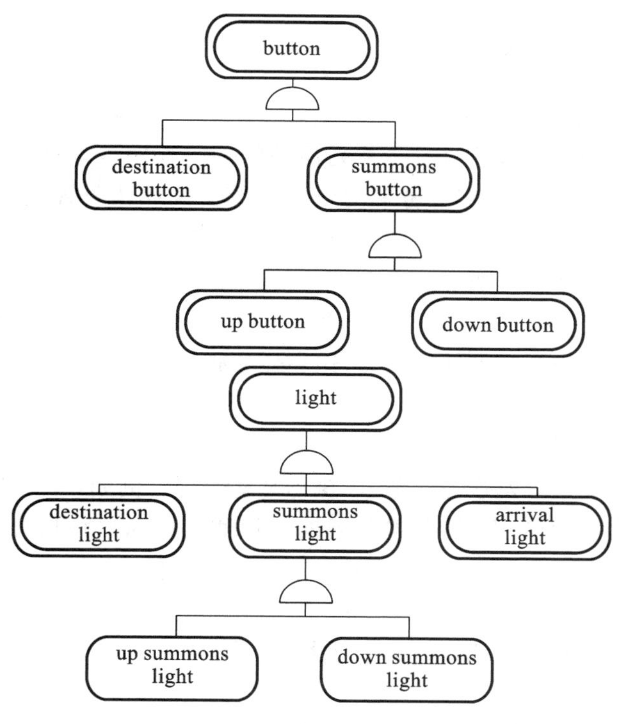


**图 4-22　电梯控制系统的人-机接口部分**

电梯控制系统中各种按钮和指示灯封装了如何接收按钮被按下的秘密和如何激活指示灯的秘密。

怎样知道有了一个召唤事件呢？以召唤事件的激发为例来进行说明。召唤事件的执行机制如图 4-23 所示。

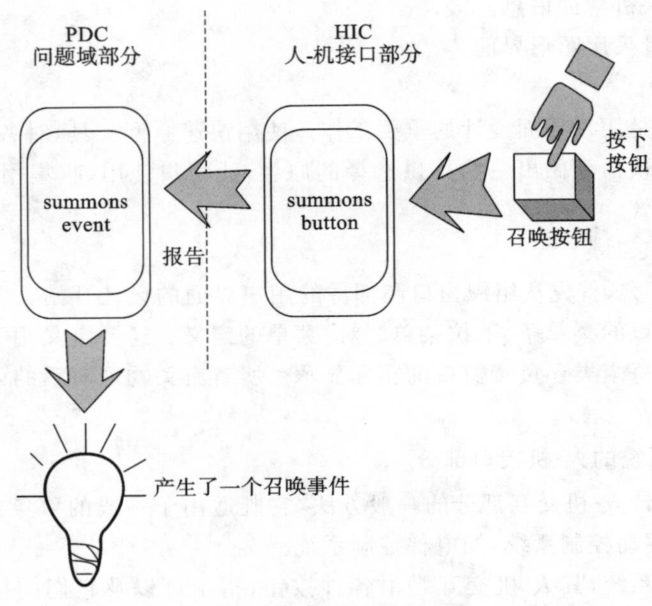


**图 4-23　召唤事件的执行机制**

如何知道按钮被按下了？这是任务管理部分的事情。

## 4.3.4　任务管理部分的设计

**1. 任务管理部分的主要任务**

所谓任务，是进程的别称，是执行一系列活动的一段程序。常见的任务有：事件驱动任务、时钟驱动任务、优先任务、关键任务和协调任务等。设计任务管理子系统包括确定和选择各类任务并分别执行它们。

任务管理部分的设计工作如下。

1）识别事件驱动任务

与硬件设备通信的任务是事件驱动的，这类任务必须由事件来激发，而事件常常是当数据到来时发出一个信号。

2）识别时钟驱动任务

以固定的时间间隔来激发这类任务，以执行某些处理。例如，有些设备需要周期性地获得数据，某些人-机界面、子系统、任务需要周期性地通信。在这种场合下，需要使用时钟驱动任务。

3）识别优先任务和关键任务

根据处理的优先级别来选调执行各个任务。

（1）高优先级任务。

对于高优先级任务，必须在严格的时间限制内完成。为了在规定的时间限制内完成，可能需要把它们分离成独立的任务。

（2）低优先级任务。

对于较低的优先级任务，可进行时间要求较低的处理（如后台处理）。设计时，通常需要有一个附加的任务来把这样的任务分离开来。

关键任务是对系统的成败起关键作用的处理，这类处理通常都有严格的可靠性要求。在设计时，必须把关键任务分离出来，并对其安全性进行设计、编程和测试。

4）识别协调任务

当有三个或更多的任务时，应当增加一个任务，用它作为协调任务。该任务仅用于协调处理，不要让其再承担其他服务工作。

5）评审各个任务

必须对各个任务进行评审，确保它们能满足选择任务的工程标准；同时，必须分析和选择每个确实需要的任务，使系统中包含的任务尽量少。

6）定义各个任务

定义任务的工作主要包括：它是什么任务、如何协调工作以及如何通信。

(1) 要为任务命名，并简要说明这个任务。

(2) 要定义各个任务如何协调工作。

指出任务是事件驱动还是时钟驱动。对于事件驱动的任务，描述激发该任务的事件；对于时钟驱动的任务，指定激发之前所经过的时间间隔，同时指出是一次性的时间间隔还是重复性的时间间隔。

(3) 要定义各个任务之间如何通信。

任务从哪里取值，结果送往何方。

**2. 电梯控制系统的任务管理部分**

与硬件设备通信的任务是事件驱动任务，这类任务必须由事件来激发，当数据到来时发出一个信号。电梯控制系统是事件驱动任务，召唤按钮、目的按钮按下，电梯到达等事件的识别等，都是一个中断处理。图 4-24 所示为电梯控制系统的任务管理部分。

在任务管理部分增加了中断类和寄存器类。

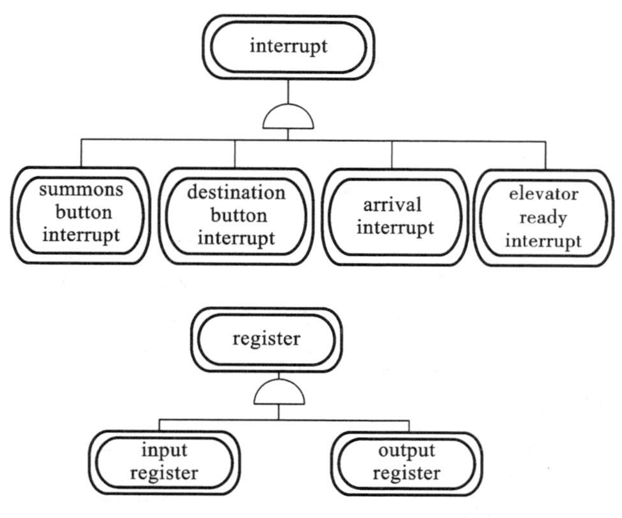


**图 4-24 电梯控制系统的任务管理部分**

当按钮按下时，将产生一个中断，但是如何识别是哪一层楼产生的中断呢？其机制为：所发出的信号中应包含楼层的信息或编码，这个编码应存放到该中断对应的中断寄存器中，如图 4-25 所示。

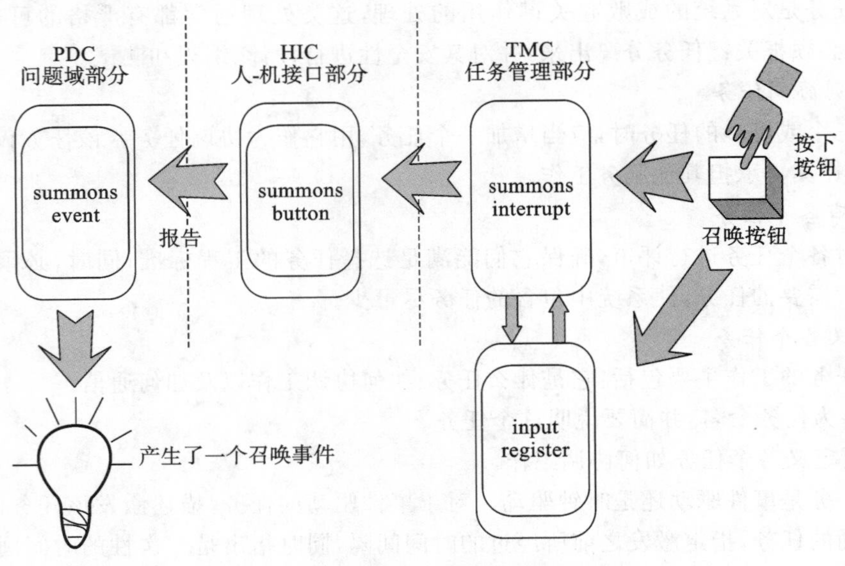


图 4-25　召唤事件的完整执行机制

## 4.3.5　数据库管理部分的设计

**1. 数据库管理部分的主要任务**

数据库管理部分使得系统的实现和具体的数据库系统分离开来，数据库系统改变时，只需要改变数据库管理部分。数据库管理子系统提供存储和检索对象的基本结构，包括对永久性数据的访问和管理，并且隔离了数据库管理模式的影响。

数据库管理部分的设计包括：选择数据库管理模式和设计数据库管理子系统。

1）选择数据库管理模式

数据库管理模式主要有三种：文件管理系统、关系数据库管理系统（RDBMS）和面向对象数据库管理系统（OODBMS）。

2）设计数据库管理子系统

同数据库设计部分。

**2. 数据库管理部分实例**

以图书管理为例，考虑借阅一本书的过程，该过程涉及了三个实体："reader"——存储借阅者，"book"——存储书，"reader-book"——存储某个借阅者借阅某本书的记录。

假设有一个对象"borrow" 来负责处理"借阅"事件。"借阅"所涉及的实体关系如图4-26所示，借阅事件的执行机制如图 4-27 所示。

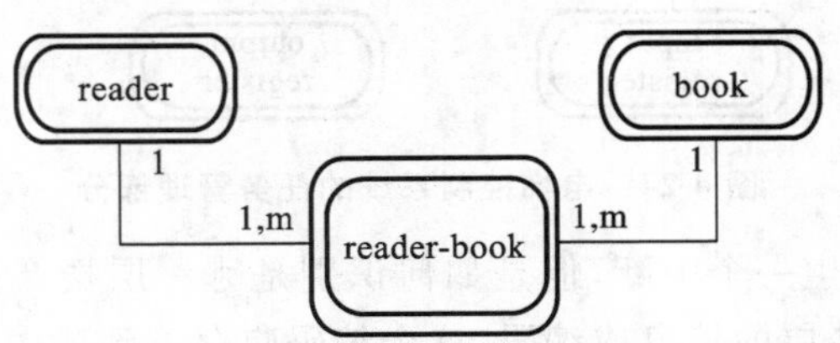


图 4-26　"借阅"所涉及的实体关系

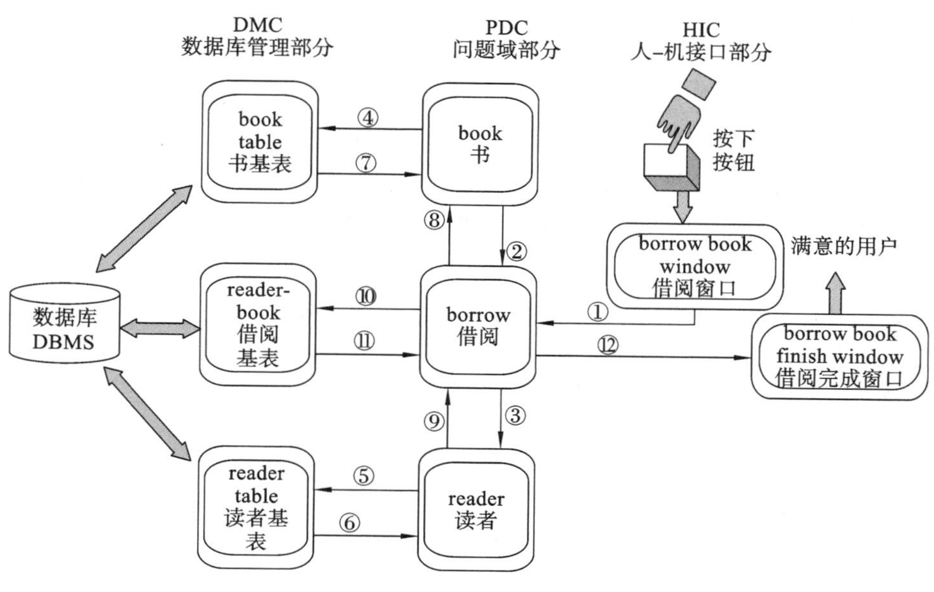


图 4-27　借阅事件的执行机制

### 4.3.6　OOD 的基本准则

**1. 模块化**

在面向对象方法中，对象是封装了数据结构和行为方法的模块。OOD 支持把系统分解成模块的设计原理。

**2. 抽象**

面向对象方法中的类本身就是一种抽象数据类型。在 OOD 中，从问题域中的实体开始，运用规范化的抽象技术，最后得到可求解的类。对外界用户而言，只要知道类的服务名称以及所需数据的格式，就可以使用这些类。在多数 OOPL 中都支持用户自定义类，从而使描述复杂问题的能力大大增强，拓宽了求解域。

**3. 信息隐藏**

在面向对象方法中，通过对象的封装性实现信息隐藏。软件设计通过信息隐藏可以增强抽象能力，既方便了用户，又提高了开发效率。

**4. 弱耦合**

弱耦合有助于使因系统局部变化而产生的影响降到最小，是 OOD 的一个重要标准。

面向对象方法中常用两种耦合：交互耦合和继承耦合。

(1) 交互耦合是指通过消息连接实现的耦合。为得到较弱的交互耦合，应尽量降低消息连接的复杂程度和减少对象发送(或接收)的消息数。

(2) 继承耦合是一般类与特殊类之间的一种耦合形式，应该结合得越紧密越好。为获得紧密的继承耦合，在设计时应该使特殊类尽量多地继承并使用其一般类的属性和服务。

**5. 强内聚**

强内聚有助于系统的可维护性和可复用性。在 OOD 中有三种内聚：服务内聚、类内聚和一般-特殊内聚。

(1) 服务内聚。应该是一个服务只完成一个功能。

(2) 类内聚。一个类应该只有一个用途，它的属性和服务应该都是完成该类对象的任务所必需的。

(3) 一般-特殊内聚。设计出的一般-特殊结构应该是对特定领域知识的正确抽象。

例如，把飞机和汽车都作为机动车类的子类，则明显违背了常识（从外表看，飞机与汽车有相似之处：都用发动机驱动，都有轮子等），应该设置一个抽象类——交通工具，把飞机和机动车作为交通工具类的子类，而汽车又是机动车类的子类。

**6. 可复用**

软件复用是提高软件开发生产率和目标系统质量的重要途径。

复用具有两方面含义：①尽量使用已有的类；②如果确实需要创建新类，则在设计这些新类的协议时，应该考虑将来的可复用性。

## 习　题

4-1　什么是面向对象方法？它有什么特点？

4-2　面向对象有哪几种典型方法？

4-3　OOD 的目标是什么？OOD 有哪些基本准则？

4-4　用户界面设计的原则是什么？

4-5　有人说，面向对象开发方法会取代结构化开发方法，请阐述自己的观点。

# 第5章 统一建模语言UML与实例



统一建模语言(unified modeling language,UML)是一种定义良好、易于表达、功能强大且普遍使用的建模语言,是面向对象软件工程使用的建模语言,它融入了软件工程领域的新思想、新方法和新技术。它的作用域不仅限于支持面向对象分析与设计,还支持从需求分析开始的软件开发的全过程,是一门简单、一致、通用的建模语言。

UML是一种图形化的语言,主要用图形方式来表示分析和设计意图,进而让相关人员能够理解系统的分析和设计思想,并指导进一步工作的进行。

UML的出现为面向对象建模语言的历史翻开了新的一页,UML受到工业界、学术界以及用户的广泛支持,成为面向对象技术领域中占主导地位的建模语言。OMG(对象管理组织)将UML作为标准的建模语言,进一步将它推向工业标准的地位。

## 5.1 UML概述

为了更好地理解问题,人们常常采用建立问题模型的方法。所谓模型,就是显示客观世界的形状或状态的抽象模拟和简化,是系统的一个抽象,提供了系统的骨架和蓝图。采用建立模型的方法是人类理解和解决问题的一种有效策略。

在计算机系统开发的过程中,需要对目标系统进行建模,用以证实目标系统相关预想的正确性。UML是在多种面向对象建模方法的基础上发展起来的建模语言,主要用于软件密集型系统的建模。

**1. UML的形成**

20世纪80年代初,很多人都在尝试用不同的方法进行面向对象的分析与设计。到20世纪90年代中期,出现了第二代面向对象方法,著名的有Booch 94、OMT。Jim Rumbaugh和Grady Booch在1994年把他们的工作统一起来,到1995年形成统一方法版本0.8。随后Ivar Jacobson加入并采用他的用例思想,到1996年形成UML版本0.9。

1997年1月,UML版本1.0被提交给OMG,作为软件建模语言标准化的候选者。1997年9月UML1.1公布。

1997年11月,OMG正式采纳UML 1.1作为建模语言规范,然后成立任务组进行不断的修订。UML的发展历程如图5-1所示。

**2. UML贯穿在系统开发的五个阶段**

UML图有用例图、类图、对象图、状态图、时序图、活动图、协作图、组件图、配置图九种,贯穿了系统开发的五个阶段。

1) 需求分析阶段

在需求分析阶段,UML的用例图可以表示客户的需求。通过用例建模,可以对外部的角色以及它们所需要的系统功能进行建模。角色和用例是用它们之间的关系、通信来建模的。每个用例都指定了客户的需求。

2) 系统分析阶段

在系统分析阶段,可用UML的逻辑视图和动态视图来描述系统。类图描述系统的静态结构,协作图、状态图、时序图和活动图描述系统的动态特征。

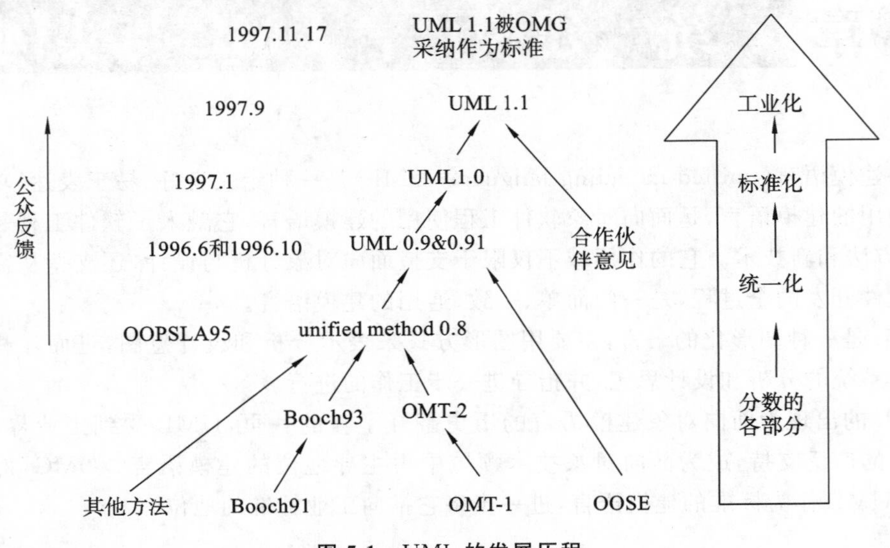


**图 5-1　UML 的发展历程**

在系统分析阶段只对问题域的类建模，不定义软件系统的解决方案的细节（如用户接口的类、数据库类等）。

3）系统设计阶段

在系统设计阶段，把系统分析阶段的结果扩展成技术解决方案。加入新的类来提供技术基础结构——用户接口、数据库操作等。系统分析阶段的领域问题类被嵌入在这个技术基础结构中。

系统设计阶段的结果是构造阶段的详细规格说明。

4）系统实现阶段

在系统实现（程序设计）阶段，把系统设计阶段的类转换成某种面向对象程序设计语言的代码。

5）测试阶段

测试通常分为单元测试、集成测试、系统测试和接受测试几个不同级别。不同的测试小组使用不同的 UML 图作为他们的工作基础：单元测试使用类图和类的规格说明，集成测试使用组件图和协作图，而系统测试使用用例图来确认系统的行为是否符合这些图中的定义。

UML 还可以用于传统的软件生命周期法、原型法、RUP（Rational unified process，Rational 统一过程）等。

**3. UML 的特点**

1）统一标准

UML 融合当前一些流行的面向对象开发方法（Booch、OMT、OOSE 和其他面向对象方法）的主要概念和技术，成为一种面向对象的标准化的统一建模语言。

UML 提供了标准的面向对象模型元素的定义和表示法，以及对模型的表示法的规定，有标准的语言工具，有利于保质保量地建立起软件系统模型。

UML 已经成为工业标准化组织 OMG 的正式标准，OMG 将负责语言标准的进一步开发。UML 在统一和标准化方面的努力，将有利于建模语言本身的发展，也有利于工业化应用。

2）面向对象

UML支持面向对象技术的主要概念，提供了一批基本的图形化的模型元素，能简洁明了地表达面向对象的各种概念和模型元素。UML还吸取了面向对象技术领域中其他流派的优点。UML符号表示考虑了各种方法的图形表示，删掉了大量易引起混乱的、多余的和极少使用的符号，也添加了一些新的符号。

3）可视化和强大的表示能力

UML是一种图形化语言，用于表示系统的逻辑模型或实现模型，其视图表示符号的背后都有良好定义的语义。

UML还可以处理软件说明和文档，包括需求说明、体系结构、设计、源代码、项目计划、测试、原型、发布等。

UML提供的扩展机制，使用户可以根据需要增加自己定义的构造型、标签和约束等。

4）独立于过程

UML是系统建模语言，独立于开发过程。UML与Rational统一过程（RUP）配合使用，能发挥强大的效用；UML也可以在其他面向对象开发过程中使用，甚至在传统的软件生命周期法中使用。

5）容易掌握、使用

UML概念明确，建模表示法简洁明了，图形结构清晰，容易掌握、使用。只要具备一定的软件工程和面向对象技术的基础知识，通过运用UML建立实际问题的系统模型的实践，很快就能掌握和熟悉UML。

**4. UML的特点**

1）能够用于软件系统的分析与设计

加速软件开发，提高代码质量，支持变动的业务需求。

2）用于系统的建模

UML是一种标准的系统分析和设计语言，用于各类系统建模。UML不是一个独立的软件工程方法，而是面向对象软件工程方法中的一部分。

3）不是程序设计语言，不能直接书写程序

UML所建立的系统模型（逻辑模型和实现模型），必须转换为某个程序设计语言的源代码程序，然后经过该语言的编译系统生成可执行的软件系统。

## 5.2 UML视图

UML语言的各种图是UML模型的重要组成部分。

（1）用例图（use case diagram）。

用例是系统中的一个可以描述参与者与系统直接交互作用的功能单元。用例图的用途是列出系统中的用例和参与者，并显示哪个参与者参与了哪个用例的执行。

（2）类图（class diagram）。

UML语言中的类是对应用领域或应用解决方案中的概念的描述。类图以类为中心组织，类图中的其他元素或属于某个类，或与类相关联。

（3）对象图（object diagram）。

对象图是类图的变体，它使用与类图相似的符号描述，不同之处在于对象图显示的是类的多个对象实例而非实际的类。可以说，对象图是类图的一个例子。对象图与类图表示的不同之处在于对象图用带下划线的对象名称类表示对象，显示一个关系中的所有实例。

(4) 状态图(state diagram)。

UML语言中的状态图是对类描述的补充，它用于显示类的对象可能具备的所有状态，以及引起状态改变的事件。实际建模时，并不需要为所有的类都绘制状态图，仅对那些具有多个明确状态并且这些状态会影响和改变其行为的类才有绘制状态图的必要。此外，还可以为系统绘制整体状态图。

(5) 时序图(sequence diagram)。

时序图显示多个对象间的动作协作，重点是显示对象之间发送的消息的时间顺序。

(6) 协作图(collaboration diagram)。

UML语言中的协作图是对在一次交互中有意义的对象和对象间的链建模。除了显示消息的交互以外，协作图也显示对象以及它们之间的关系。时序图和协作图都可以表示各对象间的交互关系，但它们的侧重点不同：时序图用消息的几何排列关系来表达消息的时间顺序，各角色之间的关系是隐含的；协作图用各个角色排列来表示角色之间的关系，并用消息类说明这些关系。在实际应用中，可以根据需要选用这两种图：如果需要重点强调时间或顺序，那么选择时序图；如果需要重点强调上下文，那么选择协作图。

(7) 活动图(activity diagram)。

活动图是状态图的一个变体，用来描述执行算法的工作流程中涉及的活动。活动状态代表了一个活动，即一个工作流步骤或一个操作的执行。活动图由多个动作状态组成，当一个动作完成后，动作状态将会改变，转换为一个新的状态。

(8) 组件图(component diagram)。

UML语言中的组件图是用代码组件来显示代码物理结构的。一个组件包含它所实现的一个或多个逻辑类的相关信息。通常组件图用于实际的编程工作中。

(9) 配置图(deployment diagram)。

配置图用于显示系统中的硬件和物理结构。

视图是表达系统单个方面的UML建模结构的简单子集。一种或两种图为各种视图中的概念提供了可视化标记。

UML语言中的视图大致分为如下五种。

(1) 用例视图：强调从系统的外部参与者(主要是用户)的角度看到的或需要的系统功能。

(2) 逻辑视图：从系统的静态结构和动态行为角度显示如何实现系统的功能。

(3) 并发视图：显示系统的并发性，解决在并发系统中存在的通信和同步问题。

(4) 组件视图：显示代码组件的组织结构。

(5) 配置视图：显示系统的具体部署。部署是指将系统配置到由计算机和设备组成的物理结构上。

上述五种视图分别描述系统的一个方面，五种视图组合成UML语言完整的模型。

**1. 用例视图**

UML语言中的用例视图描述系统应具备的功能，也就是被称为参与者的外部用户所能观察到的功能。用例是系统的一个功能单元，可以描述为参与者与系统之间的一次交互作用。参与者可以是一个用户或者另外一个系统。用户对系统要求的功能被当作多个用例在用例视图中进行描述，一个用例就是对系统的一个用法的通用描述。用例模型的用途就是列出系统中的用例和参与者，并显示哪个参与者参与了哪个用例的执行。用例视图是其他视图的核心，它的内容直接驱动其他视图的开发。

**2. 逻辑视图**

逻辑视图描述用例视图中提出的系统功能的实现。与用例视图相比，逻辑视图主要关注系统内部，它既描述系统的静态结构（类、对象以及它们之间的关系），也描述系统内部的动态协作关系。系统的静态结构在类图和对象图中进行描述，而动态模型则在状态图、时序图、协作图以及活动图中进行描述。逻辑视图的使用者主要是设计人员和开发人员。

**3. 并发视图**

UML 语言中的并发视图主要考虑资源的有效利用、代码的并行执行以及系统环境中异步事件的处理。除了将系统划分为并发执行的控制以外，并发视图还需要处理线程之间的通信和同步。并发视图的使用者是开发人员和系统集成人员。并发视图由状态图、协作图以及活动图组成。

**4. 组件视图**

组件是不同类型的代码模块，它是构造应用的软件单元。组件视图描述系统的实现模块以及它们之间的依赖关系。组件视图中也可以添加组件的其他附加信息，例如资源分配或者其他管理信息。组件视图主要由组件图构成，它的使用者主要是开发人员。

**5. 配置视图**

配置视图显示系统的物理部署，它描述位于节点上的运行实例的部署情况。配置视图主要由配置图表示，它的使用者是开发人员、系统集成人员和测试人员。配置视图还允许评估分配结果和资源分配。

本章将以一个案例来讲解 UML。

案例：戏院管理系统。

戏院组织一场表演，一个顾客可以多次订票，每次订票只能由一个顾客进行，有两种订票方式——个人票或者套票，前者只能是一张，后者可以包括多张票。每一张票不是个人票就是套票中的一张，但不能同时是两者。每场演出有多张票可以预订，每张票对应唯一的座位号。每次演出用剧目名、日期和时间来标识。可以用信用卡支付。

### 5.2.1 UML 模型元素

可以在视图中使用的概念统称为模型元素。模型元素用语义元素的正式定义或确定的语句所代表的准确含义来定义。

模型元素在图中用其相应的视图元素（符号）表示。利用视图元素可以把图形象、直观地表示出来。模型元素之间的连接关系也是模型元素，如图 5-2 所示。常见的关系有关联、一般化（泛化）、依赖和聚合，其中聚合是关联的一种特殊形式。

### 5.2.2 静态视图

UML 提供的图从多个不同视角展现系统的结构或功能。标准建模语言 UML 的重要模型包括静态建模机制（模型）和动态建模机制（模型）。

静态视图属于静态模型。静态视图对应用领域的概念建模，以及将内建的概念作为应用实现的一部分。该视图不描述与时间相关的行为，因而是静态的。与时间相关的行为由

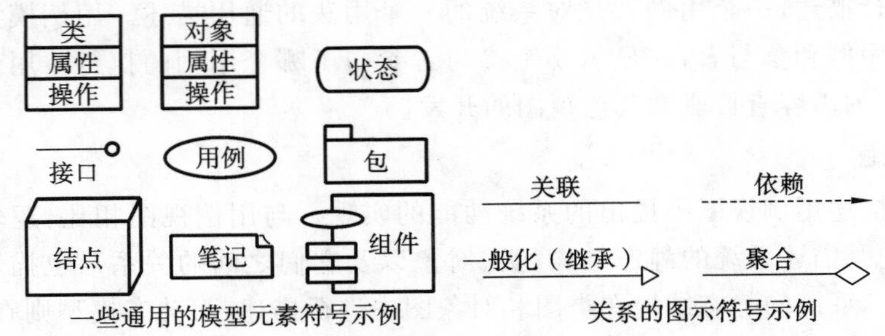


图 5-2 模型元素

其他视图描述。

静态视图的主要组成部分是类和关系。

- 类图描述了系统的静态特性。
- 描述了对象的结构。
- 将行为实体描述成“离散”的模型元素，不包括它们的动态行为细节。
- 关键元素是类元(类、接口等)以及它们之间的关系。
- 类元之间有关联、泛化及各种不同的依赖关系，包括实现和使用关系。

类绘制为长方形，属性和操作放在不同的分隔中。当不需要完整的细节时，分隔可以被隐藏。

类名框：名置中，可以是简单名或路径名，如学生或学校：学生。

属性框：属性置左，例如－ 年龄：int＝18。

操作框：操作置左，例如＋ Insert(k：int)：int。

＋表示公有，－表示私有，＃表示保护。

类图、对象图、案例如图 5-3 所示。

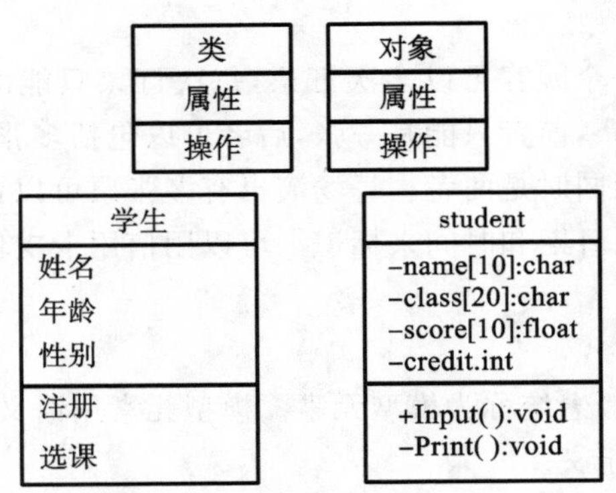


图 5-3 类图、对象图、案例

类之间的关系包括：关联、组成/聚合和各种依赖。

**1. 关联关系**

关联关系描述了系统中对象或实例间的离散联系。多重性表示参与对象数量的上、下界。

对象多重性表示图如图 5-4 所示。

- 1：表示 1 个对象。
- 0..1：表示可选 0 个对象或 1 个对象。

• *：表示多个对象。

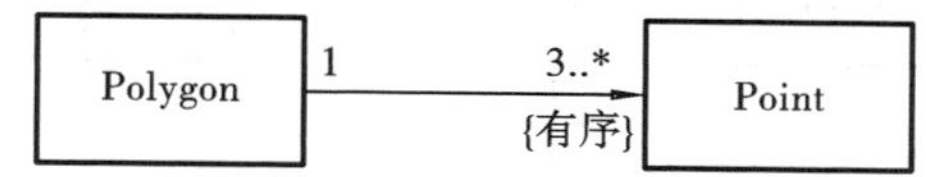


图 5-4　对象多重性表示图

**2. 组成/聚合关系**

(1) 组成是一种特殊形式的关联，表示整体拥有各部分(部分与整体的关系)。如牙刷：刷毛、手柄；汽车：部件。

- 没有成分对象，组成对象就不存在。
- 每个给定的成分对象只能是组成对象的组成部分。
- 组成是异构的。

(2) 聚合是另一种特殊形式的关联，表示类之间的关系是整体与部分的关系(组与成员的关系)。如羊群：羊、…；部门：雇员、…。

- 构成对象不存在，聚合对象还可以存在。
- 每个对象由多个聚合构成。
- 聚合往往是同构的。

组成/聚合示意图如图 5-5 所示。

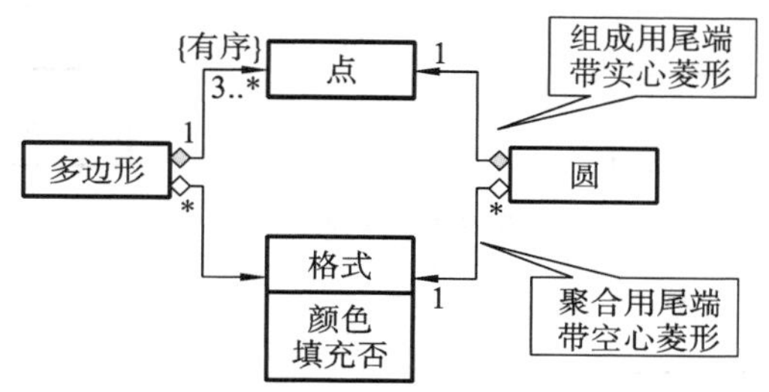


图 5-5　组成/聚合示意图

聚合和组成很容易混淆，并且有争议。比如：没有羊的羊群存在吗？一个人属于不同的俱乐部，但一只羊能属于不同的羊群吗？所以这里并不将聚合和组成严格分开，而且建议可以用一种结构来表示。

**3. 依赖关系**

有两个元素 X、Y，如果修改元素 X 的定义可能会引起对 Y 定义的修改，则称元素 Y 依赖于元素 X。在类中，依赖由各种原因引起，如一个类向另一个类发消息、一个类是另一个类的数据成员、一个类是另一个类的某个操作参数。依赖关系用带箭头的虚线表示。如图 5-6所示，课程是课表的数据成员，所以课表依赖于课程。

**4. 泛化关系**

- 表示一般和特殊关系(is a kind of)。
- 体现继承关系。
- 多态性、重载也可以用泛化关系表示。

UML 中的泛化关系就是通常所说的继承关系，它是通用元素和具体元素之间的一种分类关系。注意，泛化针对类型而不针对实例，一个类可以继承另一个类，但一个对象不能继承另一个对象。泛化关系如图 5-7 所示。

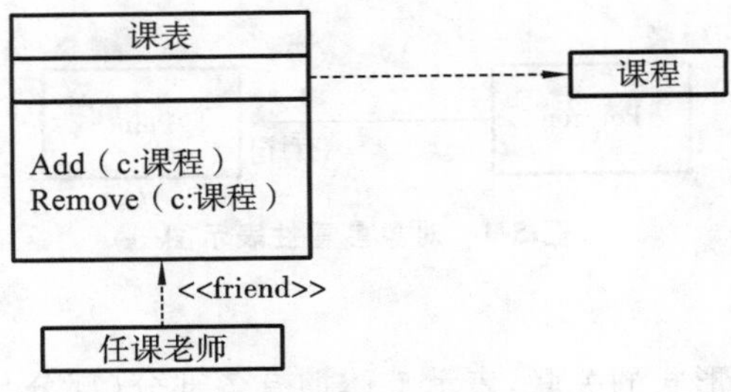


图 5-6　依赖关系

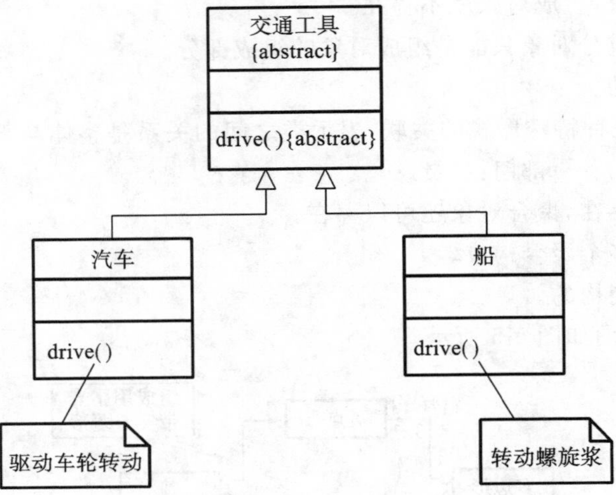


图 5-7　泛化关系

一个完整的类图实例如图 5-8 所示。

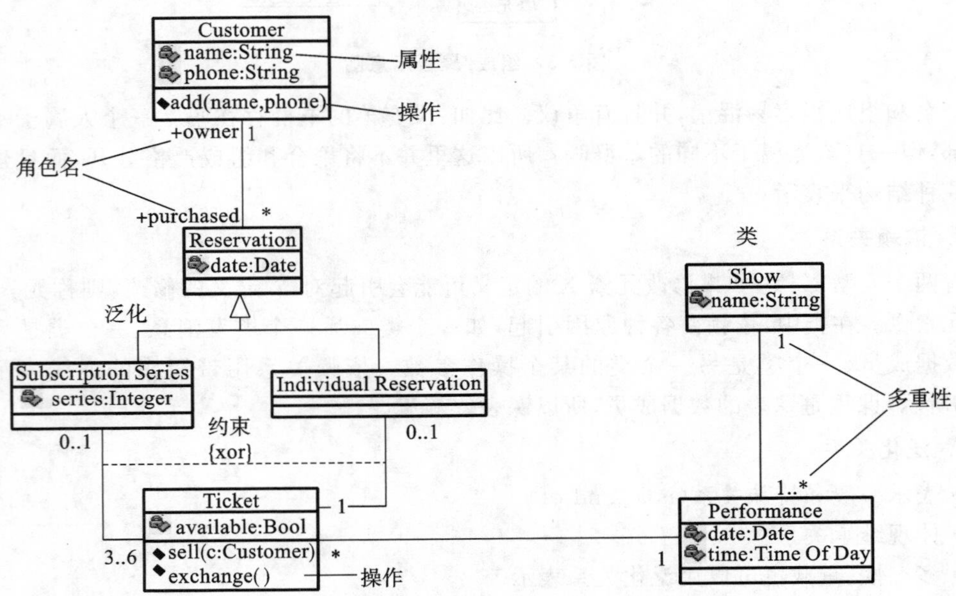


图 5-8　一个完整的类图实例

### 5.2.3 用例视图

用例视图被称为系统的外部用户所能观察到的系统功能的模型图，呈现了参与者和用例，以及它们之间的关系，主要用于对系统、子系统或类的功能行为进行建模，用于从用户的观察视角来收集系统的需求。

用例视图是由参与者、用例以及它们之间的关系构成的用于描述系统功能的视图。

参与者是与系统交互的外部实体，可以是使用该系统的用户，也可以是与系统交互的其他外部系统、硬件设备或者组织机构。在 UML 中，参与者用一个人形符号来表示，并具有唯一的名字。参与者之间可以存在泛化关系。

用例是从用户角度描述系统行为，它将系统的一个功能描述成一系列的事件，这些事件最终对参与者产生有价值的可观测结构。在 UML 中，用例用一个椭圆来表示，并具有唯一的名字。用例之间可以存在包含关系、扩展关系和泛化关系。

用例模型由用例视图构成，用例视图中显示参与者、用例及其之间的通信关系，如图 5-9 所示。

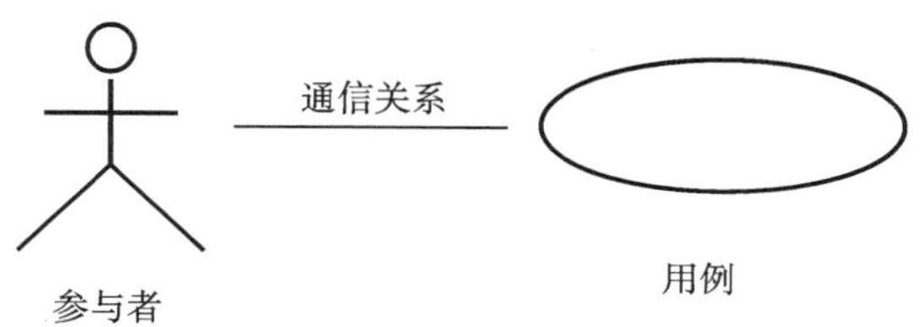


**图 5-9 用例视图**

用例模型中，系统是实现各种用例的“黑盒子”，只关心该系统实现哪些功能，并不关心内部的具体实现细节。

用例模型主要用在工程开发初期进行系统需求分析。通过分析描述，使开发者搞清楚需要开发哪些功能。引入用例的主要目的是：①确定系统应具备哪些功能；②为系统的功能提供清晰一致的描述(传递需求)；③为系统验证工作打下基础(验收)；④从需求的功能(用例)出发，跟踪进入系统中具体实现的类和方法，检查其是否正确。特别是为复杂系统建模时，常用用例模型构造系统的简化版本，再利用用例模型跟踪对系统的设计和实现有影响的用例。

用例视图在宏观上给出模型的总体轮廓，而用例真正实现的细节描述则以文本的方式书写。用例视图所表示的图形化的用例模型(可视化模型)本身并不能提供用例模型所必需的所有信息。也就是说，从可视化的模型只能看出系统应具有哪些功能，每个功能的含义和具体实现步骤必须使用用例视图和文本描述。

用例视图除了描述活动者和用例之间的关系外，还要描述用例之间的关系。用例之间的关系包括：

泛化关联：一个用例使用另一个用例的功能行为，表示用例之间共享公共的功能行为，是一种泛化关联，如图 5-10(a)所示。

使用关联(＜＜Use＞＞)：一个用例使用另一个用例的功能行为，表示用例之间共享公共的功能行为，是一种泛化关联，如图 5-10(b)所示。

包含关联(＜＜include＞＞)：一个用例的行为包含另一个用例的行为，是一种依赖关联，如图 5-10(c)所示。

扩展关联(<<extend>>):类似于泛化关联,但有更多的规则限制,需指明扩展点,如图 5-10(d)所示 。

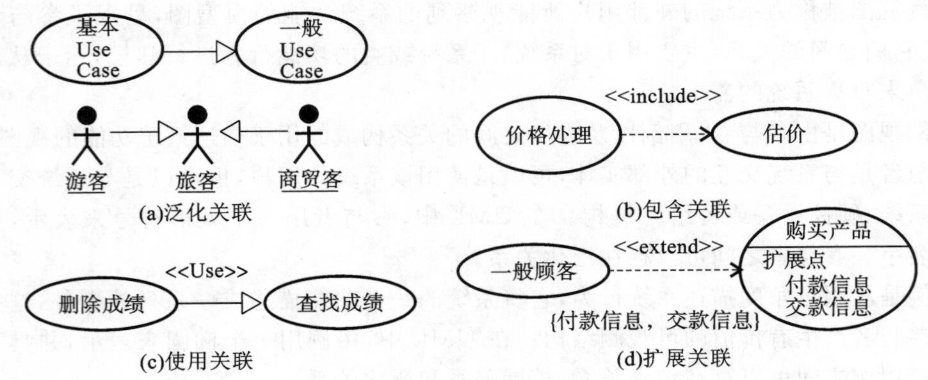


**图 5-10 用例关系示意图**

分析上一节的案例。戏院管理系统中,可得售票子系统的用例图,如图 5-11 所示。

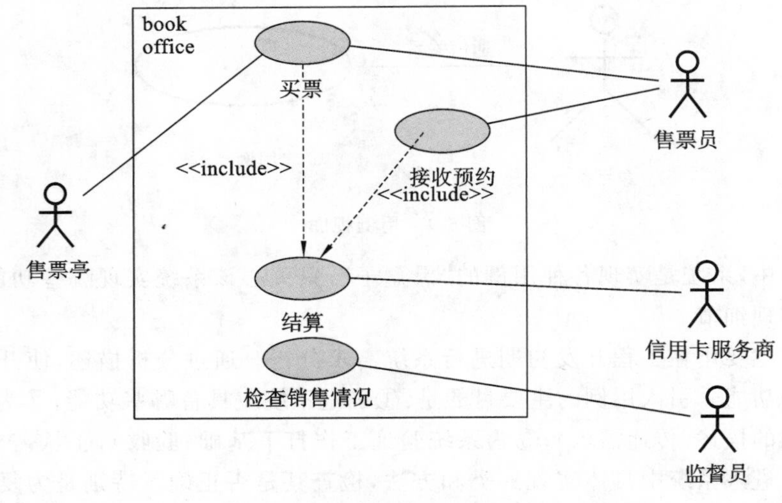


**图 5-11 售票子系统的用例图**

## 5.2.4 交互视图

交互视图属于动态模型的一部分。交互视图描述实现系统行为角色之间的消息交换序列。交互视图提供了系统中行为全局的描述——显示了多个对象间的控制流程。交互视图用两种图——顺序图和协作图来描述。

**1. 顺序图**

顺序图(又称时序图)描述了一组对象之间的交互方式,它表示完成某项行为的对象之间传递消息的时间顺序。顺序图由对象、生命线、控制焦点、消息等组成。其中:生命线是一条垂直的虚线,表示对象存在的时间;控制焦点是一个细长的矩形,表示对象执行一个操作所经历的时间段;消息是对象之间的一条带箭头的水平线,表示对象之间的通信。

顺序图的重点是显示对象之间发送的消息的时间顺序,也显示对象之间的交互,就是在系统执行时,某个指定时间点将发生的事情。顺序图由多个水平排列的对象组成,图中时间从上到下推移，并且显示对象之间随着时间的推移而交换的消息或函数。消息是用带消息箭头的直线表示的，并且直线位于垂直对象生命线之间。时间说明以及其他注释放到一个脚本中，并将其放置在顺序图页边的空白处。

顺序图可以表达场景，即一项事务的特定历史，显示用例的行为序列。当行为实现时，每个顺序图中的消息与类的操作或状态机中迁移上的事件触发相一致。

顺序图和 OOA 中的事件-响应对象交互图法（EROI）相类似。

图 5-12 所示为购票系统的顺序图。该系统有三个对象——kiosk（购票人）、book office（购票系统）和 credit card service（支付系统），顺序由带消息信息的带箭头的直线从上到下体现。

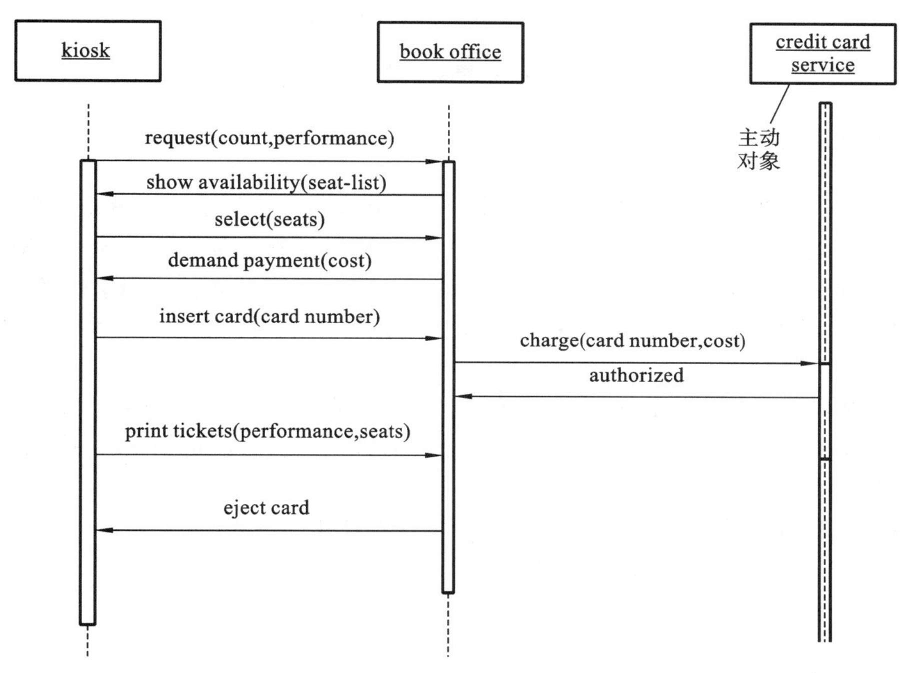


**图 5-12 购票系统的顺序图**

### 2. 协作图

协作图（又称合作图）是一种交互图，强调的是发送和接收消息的对象之间的组织结构。一个合作图显示了一系列的对象和这些对象之间的联系以及对象间发送和接收的消息。对象通常是命名或匿名的类的实例，也可以代表其他事物的实例，例如协作、组件和节点。使用合作图来说明系统的动态情况，对在一次交互中有意义的对象和对象之间的链建模。在 UML 中，合作图用几何排列来表示交互作用中的对象和链，附在链上的箭头代表消息，消息的发生顺序用消息箭头处的编号来说明。图 5-13 所示为购票系统的协作图。

协作图的一个用途是表现操作的实现。协作显示了操作的参数和局部变量，以及更永久性的关联。当行为实现时，消息的顺序与程序的嵌套调用结构和信号传递一致。

顺序图与合作图都表示对象之间的交互作用，它们在语义上是完全等价的，可以没有任何语义损失的相互转化，但是顺序图的侧重点是描述对象交互过程中的时间顺序，而没有明确地表达对象之间的关系；合作图则描述对象之间的关系，但时间顺序必须从顺序号中获得。

1:request(count,performance)
3:select(seats)
5:insert card(card number)
kiosk
book office
链
2:show availability(seat-list)
4:demand payment(cost)
8:print tickets(performance,seats)
9:eject card
消息
6:charge(card number,cost)
7:authorized
credit card service

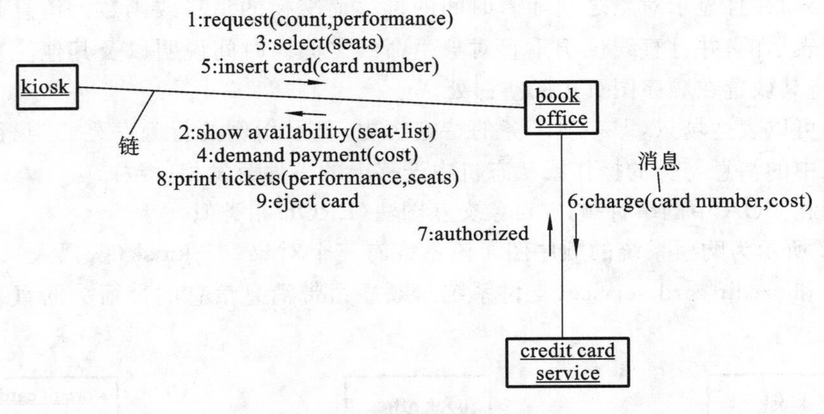

图 5-13　购票系统的协作图

## 5.2.5　状态机视图

状态机对类的对象所有可能的生命历史建模。状态机用来描述一个特定对象的所有可能状态及其引起状态转移的事件。状态描述了一个类的对象生命周期中的一个时间段，对对象生命周期中的一段时间建模，在该时间段内对象满足一定的条件。当事件发生时，它可能导致迁移的激发，使对象改变至新的状态。当迁移激发时，附属于迁移的移动可能被执行。

状态图的组成元素包括状态、转换、活动和动作。在 UML 中，状态用一个带圆角的矩形表示，转换用来连接两个状态，是一条带有箭头的直线。状态图可用于描述用户界面、设备控制和其他交互式子系统。

状态机显示为状态图。状态机和 OOA 中的状态迁移图一致。

图 5-14 所示为“票”对象的状态图。

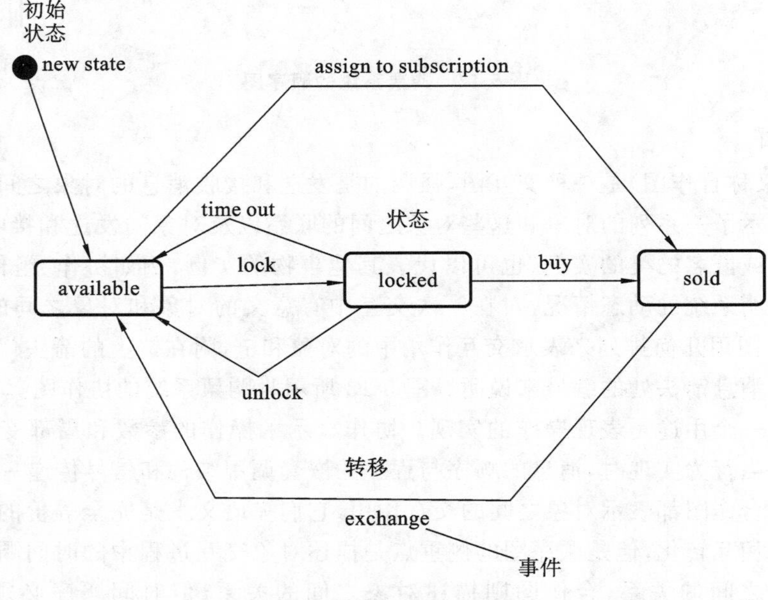


图 5-14　“票”对象的状态图

### 5.2.6 活动视图

活动视图是一种描述系统行为的视图，说明系统的工作流。活动视图是 UML 用于对系统的动态行为建模的一种常用工具，它描述活动的顺序，展现从一个活动到另一个活动的控制流。活动视图在本质上是一种流程图。

在 UML 中，活动用圆边矩形表示。UML 的活动视图中包含的图形元素有动作状态、活动状态、动作流、分支与合并、分叉与汇合、泳道和对象流等，如图 5-15 所示，这些是活动视图的基本图形元素。

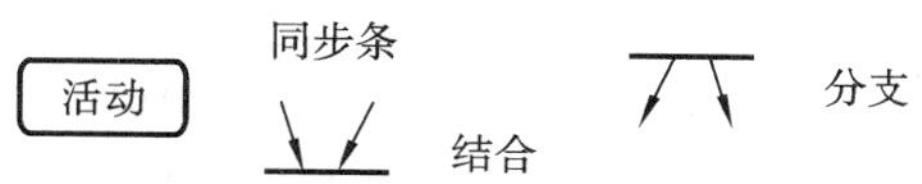


**图 5-15 活动视图的基本图形元素**

活动视图着重描述操作（方法）实现中所完成的工作以及用例实例或对象中的活动。活动视图是另一种描述交互的方式，描述采取何种动作、做什么（对象状态改变）、何时发生（动作序列）。

活动视图的主要作用如下：

(1) 描述操作执行过程中所完成的工作（动作）；

(2) 描述对象内部的工作；

(3) 显示如何执行一组相关的动作，以及这些动作如何影响它们周围的对象；

(4) 显示用例的实例是如何执行动作以及如何改变对象状态的；

(5) 说明一次商务活动中的角色、工作流组织和对象是如何工作的。

图 5-16 所示为戏院组织一场表演的活动图。

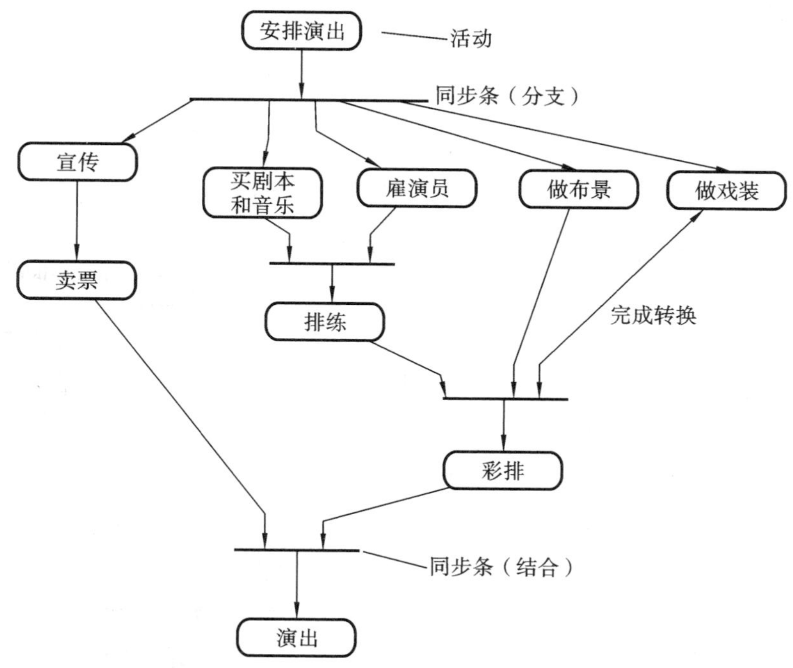


**图 5-16 戏院组织一场表演的活动图**

### 5.2.7 物理视图

前面的几种视图从逻辑角度对应用中的概念建模。物理视图对应用本身的实现结构建模，如将其组织为构件和在运行结点上进行配置，反映了如何将类映射至构件和结点上。

物理视图有两种：实现视图和配置视图。

实现视图对模型中的构件建模，即应用程序搭建的软件单元以及构件之间的依赖关系，从而可以预计到更改产生的影响。实现视图还对类及其他元素至构件的分配建模。

实现视图显示为构件图。构件图显示了系统中构件的类型。特殊配置的系统可能具有多个复制构件。

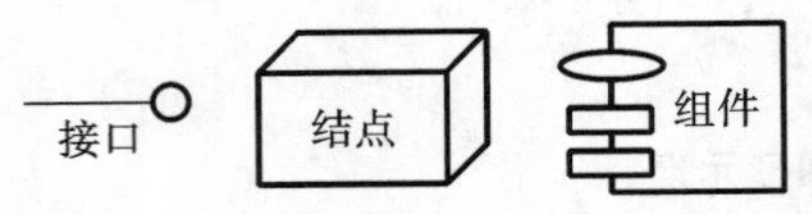


图 5-17　一些通用的模型元素符号示例

接口显示为具有名称的圆，即相关的服务集。连接构件和接口的实线表示构件提供接口所列举的服务。从构件至接口的虚线表明构件需要接口所提供的服务。一些通用的模型元素符号示例如图 5-17 所示。

三个用户界面——用于与售票亭交互的顾客、使用在线预订系统的职员、查询销售情况的主管，分别处理来自售票亭和职员需求的售票构件、信用卡收费构件、包含售票信息的数据库。

售票构件提供预订售票和集体售票，售票亭和职员均可访问预订售票接口，而集体售票接口只能供职员使用。图 5-18 所示为票房管理系统的构件图。

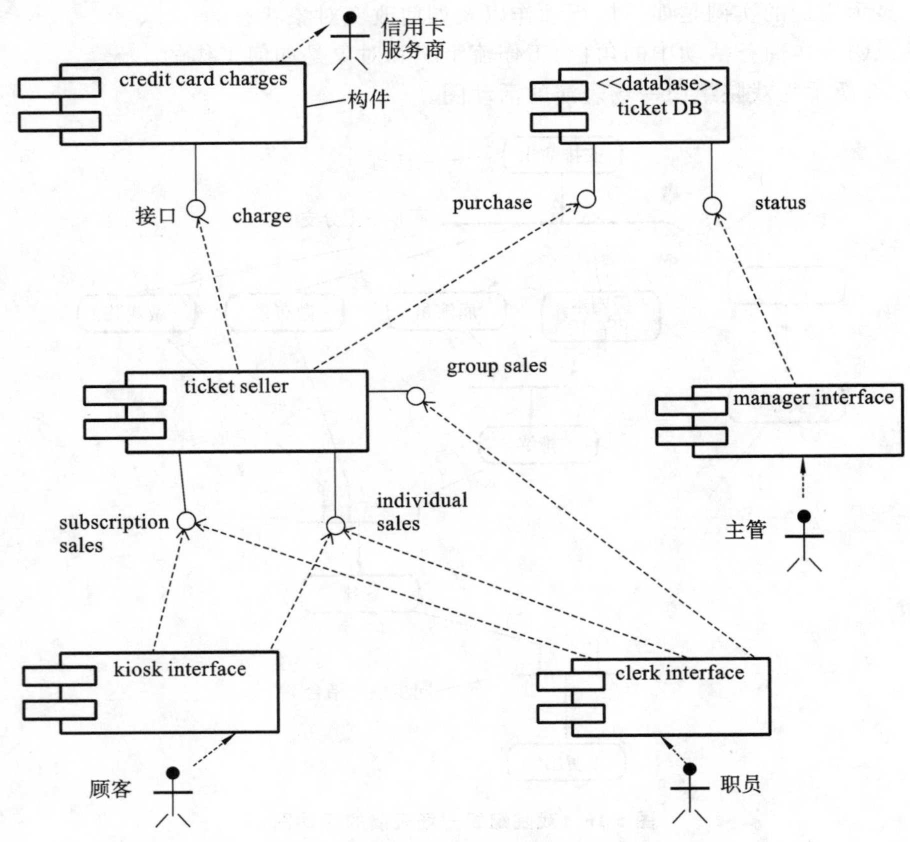


图 5-18　票房管理系统的构件图

配置视图表示运行时段构件实例在结点实例中的分布。结点是运行资源，如计算机、设备或内存。图 5-19 显示了系统中结点的种类和结点所拥有构件的种类。

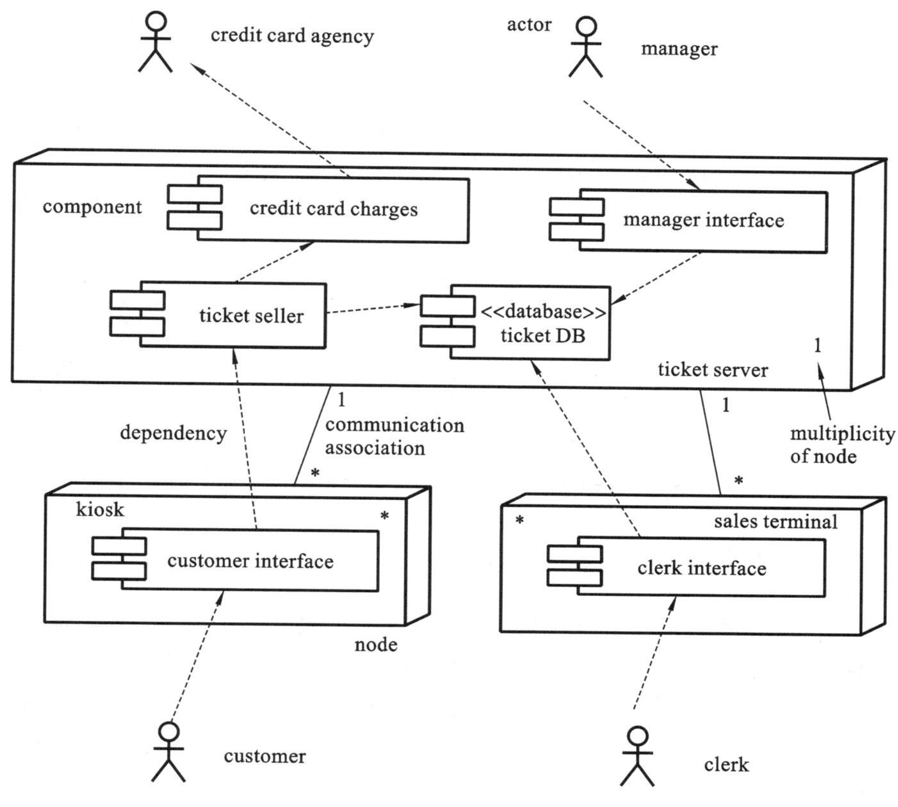


图 5-19　票房管理系统描述级别的配置视图

图 5-20 所示为票房管理系统实例级别的配置视图。该视图表现了特定版本系统的单个结点和它们之间的链。该模型中的信息与描述级别的配置视图信息一致。

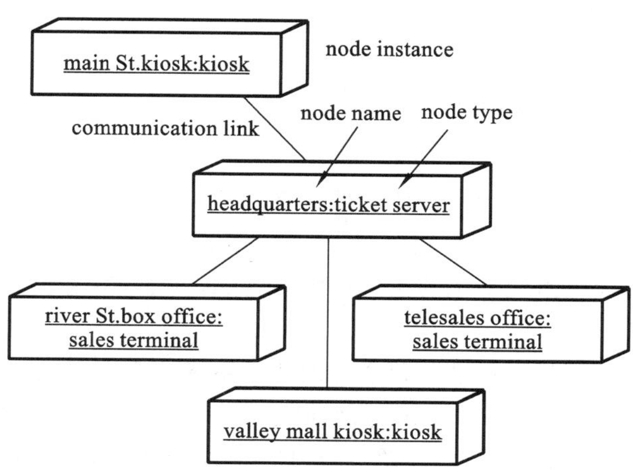


图 5-20　票房管理系统实例级别的配置视图

## 5.2.8　视图之间的联系

不同的视图在单个模型中并存，它们的元素之间存在许多关联，如表 5-1 所示。

表 5-1 不同元素之间的部分关系

| 元　素 | 元　素 | 关　系 |
|---|---|---|
| 类 | 状态机 | 拥有 |
| 操作 | 交互 | 实现 |
| 用例 | 协作 | 实现 |
| 用例 | 交互实例 | 场景示例 |
| 构件实例 | 结点实例 | 位置 |
| 动作 | 操作 | 调用 |
| 动作 | 信号 | 发送 |
| 活动 | 操作 | 调用 |
| 消息 | 动作 | 启用 |
| 包 | 类 | 拥有 |
| 角色 | 类 | 分类 |

## 5.3 可视化建模工具 Rose

Rational Rose 是图形化的面向对象 CASE 工具，它包括系统建模（面向对象的系统分析与设计）、模型集成、源代码生成、软件系统测试、软件文档的生成、往返工程、软件开发项目管理、团队开发管理以及 Internet Web 发布等工具，是一个强大的软件开发集成环境。

Rational Rose 应用于 Windows 9x、Windows NT、SunOS、OS/2 等平台。Rational Rose 的主要优点如下：

(1) 开发风险低；

(2) 软件成分的可用性高；

(3) 系统弹性高；

(4) 开发进程的灵活性高；

(5) 开发成本低。

Rational Rose 的主要功能如下。

**1. 支持面向对象建模**

Rose 支持面向对象系统分析与设计模型。它涉及了面向对象的所有主要概念和成分，如对象类、对象、操作、服务、状态、模块、子系统、处理器，以及它们之间的各种联系。

Rose 把这些模型成分组成系统的 4 个视图：Use Case 视图、逻辑视图、组件视图和配置视图。

Rose 支持用户分别从静态和动态两个方面建立系统的逻辑模型和物理模型。

Rose 是可视化的建模工具，它提供的创建模型图的功能可以创建包图（子系统）、Use Case 图、对象类和对象图、交互图、状态图、活动图、组件图和配置图，此外还有对象消息图、消息踪迹图、过程图、模块图等。

**2. 支持螺旋上升式开发过程**

从项目开发的开始、精化、系统构建到过渡，每个阶段都进行多次循环，每次循环都产生一个软件的原型，每次循环基于前一个循环，是前一个循环的深化。

Rose 提供了软件调试工具。Rational Robot 支持软件的功能测试和性能测试。

**3. 支持往返工程**

往返工程(round-trip engineering)可以帮助开发人员把实现中的修改变动映射到系统模型中，从而修改原设计的系统模型。传统方法就很难实现这一过程。

Rose 提供了一套支持往返工程的工具，通过代码生成、逆向工程、区分模型差异、设计修改等机制来实现往返工程。

逆向工程就是对程序进行分析，得到其中的数据结构、体系结构和程序设计信息，最后得到原设计的系统模型。

Rose 的逆向工程包括语义分析和设计输出。

第一步：分析源代码的语义，抽取其中的设计信息，产生相应的数据文件。这是一个从代码到设计的映射过程。

第二步：输出设计，由数据文件生成模型文件。

**4. 支持团队开发**

Rose 提供团队开发管理功能。

(1) 个人工作室(子目录)。每个开发人员都有一个个人工作室，可以对它设置写保护。

(2) 结构管理系统。结构管理系统允许把一个模型划分为不同的受控单元，并自动维护这些受控单元的完整性。

(3) 虚拟路径地图。对受控单元的存储和引用使用一种称为虚拟路径地图的路径映射机制。虚拟路径地图使得模型很容易在不同的文件夹间移动，而且可以从不同的工作室更新它。

(4) 提供与 ClearCASE 和 MS Visual SourceSafe 的内置集成。开发组通过集成标准版本控制系统来进行模型管理，保持与项目的其他成果协调一致。

**5. 对工具的支持**

Rose 支持当今广泛使用的软件开发工具，可以通过它的 Add-Ins 管理器，把外部软件与 Rose 集成在一起，协同工作。

在程序设计语言方面，Rose 支持标准 C++、MS VC++、VB、Java 等，既可以从模型生成源代码，也可以从源代码抽象出模型，实现往返工程。

## 5.4 UML 实例——简易教学管理系统 JXGL

JXGL 系统需求包括选课管理和成绩管理。

采用基于实例(Use Case)的软件开发方法。

(1) 选课管理：

- 录入与生成新学期课程表(10～30 人/课程)；
- 学生选课注册(选课门数为 4 门)；
- 查询(不能查询别人的选课情况)；
- 选课注册信息的统计与报表生成(打印)；
- 学生选课注册信息传给财务系统(交纳费用)。

(2) 成绩管理：

- 成绩录入(教学管理员录入)；
- 成绩查询(只能查询自己的成绩)；

· 成绩统计与报表生成(打印)。

JXGL 系统的直接用户有:学生、教师和教学管理员。

教学管理员有权操纵数据库的数据,进行添加、更新、删除等操作;学生和教师一般只查询信息,只允许对自己有关的数据进行添加、更新、删除等操作。

JXGL 系统将采用 C/S 结构建立,JXGL 系统的应用服务器和数据库服务器设置在学校计算机中心的工作站。学生、教师和教学管理员可以在各系、部门、图书馆、学生宿舍的台式 PC 机上使用 JXGL 系统。

### 5.4.1 分析问题域

分析问题域的主要任务如下:

· 对问题域进行抽象,提出解决方案;

· 对未来的系统进行需求分析,确定系统的职责范围、功能需求、性能需求、应用环境及假设条件等;

· 用 Use Case 图对系统的外部行为建立模型,初步确定系统的体系结构等。

分析问题域的主要步骤如下:

· 确定系统范围和系统边界:确定业务需求和系统目标,搞清 JXGL 系统的职责范围。

· 定义活动者:4 个活动者,即学生、教师、教学管理员和财务系统。应当明确每个活动者业务活动的内容、对系统的服务要求。

· 定义 Use Case:从顶层 Use Case 进行抽象,可以确定两个 Use Case,即选课管理和成绩管理。选课管理与 4 个活动者存在交互,成绩管理与活动者学生、教师、教学管理员存在交互。分解,得到较小的 Use Case。

· 绘制 Use Case:从绘制顶层 Use Case 图开始,逐步分解细化,直到满足分析和建立模型的需求为止。

· 绘制交互图:对主要的 Use Case 做交互行为分析,绘制交互图。

顶层用例图描述了活动者和系统的关系,但毕竟太抽象了(有多个用例图),需进一步细化。JXGL 系统的用例图如图 5-21 所示。

用例图还要表达用例之间的联系,如选课注册与身份验证存在使用关联,如图 5-22 所示。

绘制用例图后,应绘制交互图,以描述用例如何实现对象之间的交互。交互图包括顺序图和协作图,它用于建立系统的动态行为模型。选课注册顺序图如图 5-23 所示。

### 5.4.2 建立静态结构模型

静态结构模型由对象类图和对象图组成。静态结构模型的主要任务如下:

· 发现对象类及其联系;

· 确定静态结构;

· 绘制静态结构图(对象类图、包图);

· 建立数据库模型。

**1. 建立对象类图**

1) 定义对象类

从用例图和交互图中发现对象类,确定类的属性和主要操作。例如,从课程信息管理顺序图中抽象出“课程类”的操作,如图 5-24 所示。

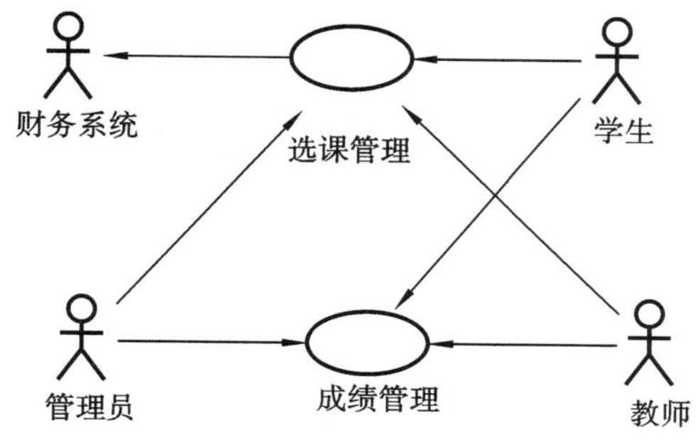


(a)顶层Use Case图

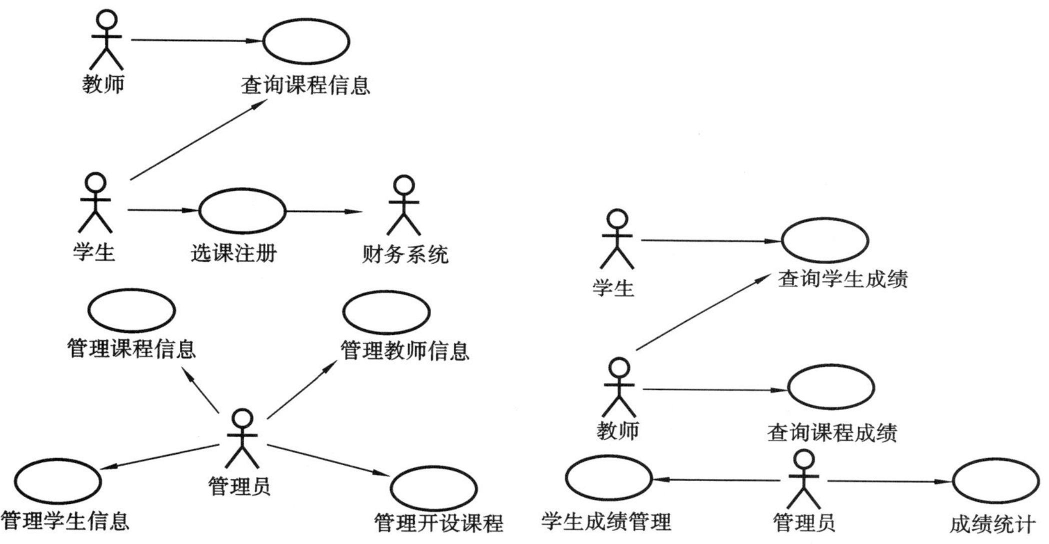


(b)选课管理的Use Case图

(c)成绩管理的Use Case图

**图 5-21** JXGL **系统的用例图**

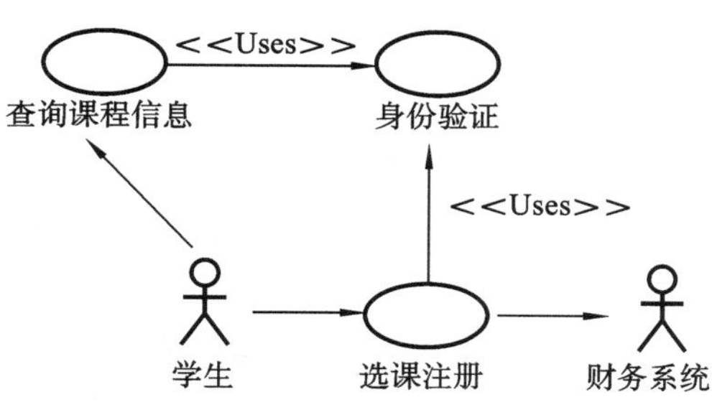


**图 5-22** <<Uses>>**联系**

下面介绍 JXGL 系统的对象类及其主要属性和操作。对象类还包括选课统计、学生成绩登记、成绩统计等,如图 5-25 所示。

2) 定义用户接口

除了一般类外,还要分析与定义系统的用户接口对象类。JXGL 系统有以下一些用户接口对象类,如图 5-26 所示。

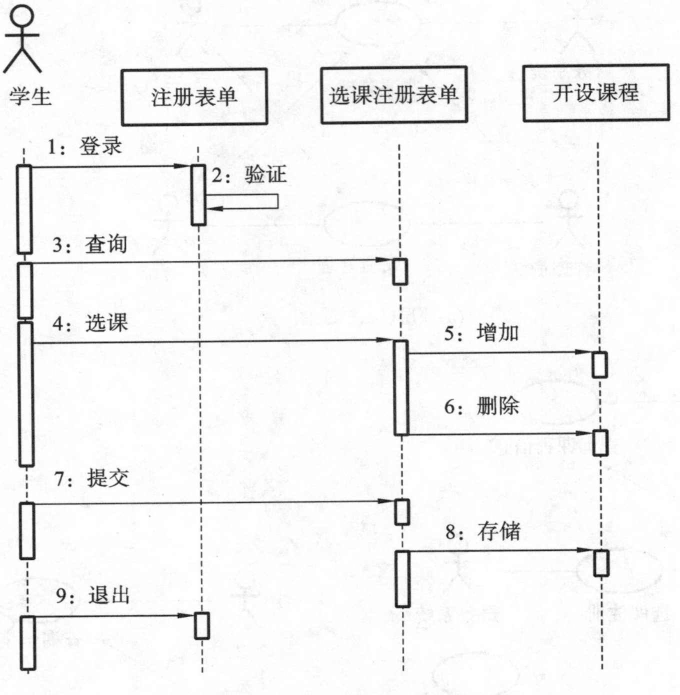


图 5-23　选课注册顺序图

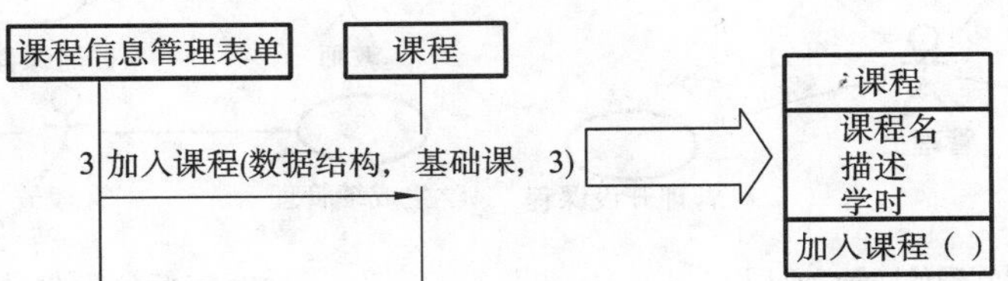


图 5-24　从顺序图中抽象出类的操作

| 学生 | 教师 | 开设课程 | 学生登记 | 课程登记 |
|---|---|---|---|---|
| 姓名<br>年龄<br>性别<br>通信地址<br>联系电话<br>专业<br>班级 | 姓名<br>年龄<br>性别<br>通信地址<br>联系电话<br>职称 | 授课日期<br>授课时间<br>授课地点<br>授课教师<br>注册学生数 | 学期<br>课程名 | 学期<br>学生名 |
| 查询（ ）<br>添加（ ）<br>修改（ ）<br>删除（ ） | 查询（ ）<br>添加（ ）<br>修改（ ）<br>删除（ ） | 加入选课学生（ ）<br>加入授课教师（ ）<br>判学生数满（ ） | 加入课程（ ）<br>打印（ ） | 加入学生（ ）<br>打印（ ） |

图 5-25　对象类

3）定义联系

定义对象类后，需分析对象间的联系：关联、聚合、泛化、依赖等。

4）绘制对象类图

在上述分析的基础上绘制 JXGL 系统的对象类图，如图 5-27 所示。

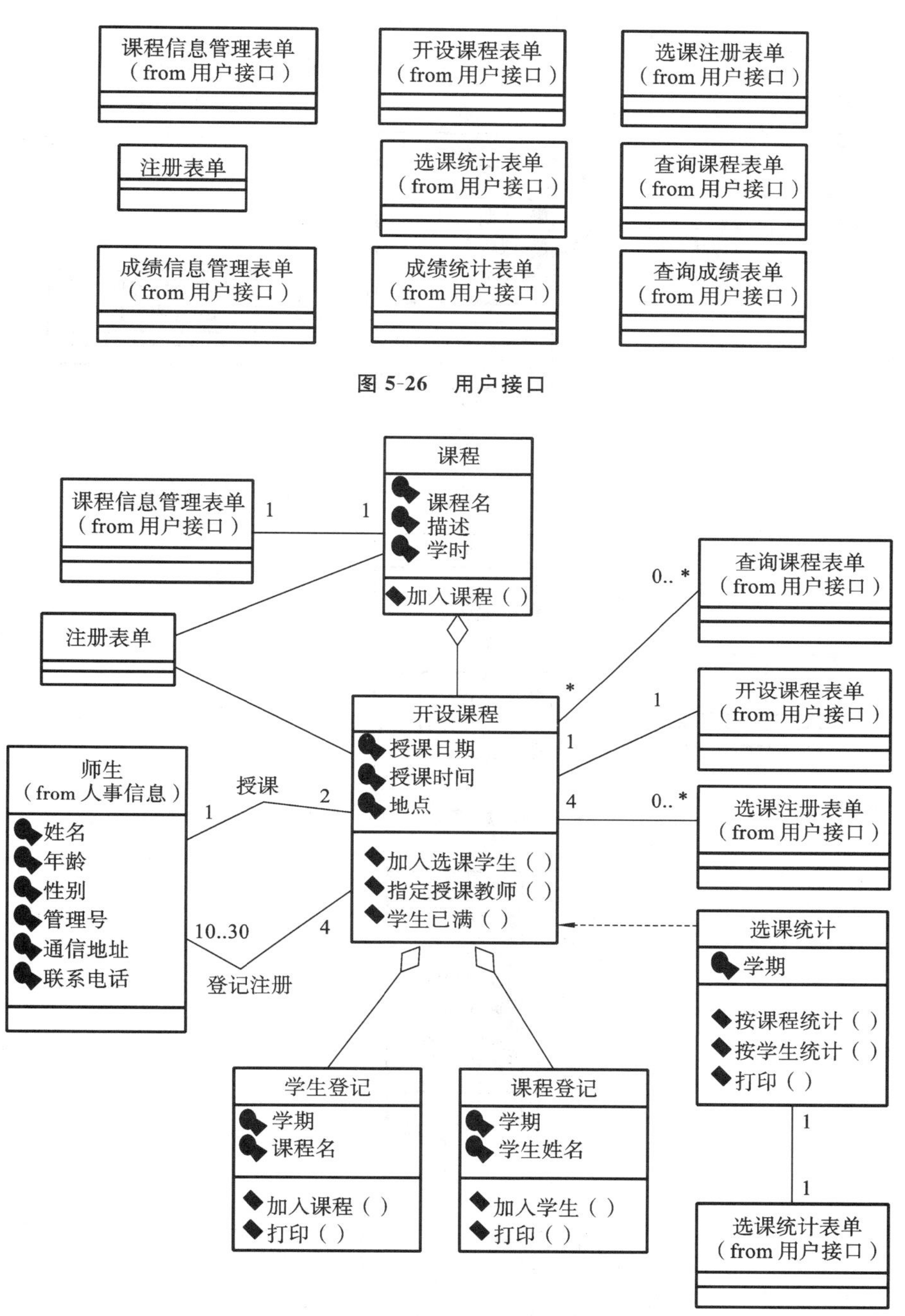


图 5-26　用户接口

图 5-27　课堂管理对象类图

通过“授课”关联、“登记注册”关联，“课程”由“开设课程”聚合，“选课统计”依赖于“开设课程”，“教师”和“学生”泛化为“师生”。

“学生成绩登记”和“成绩管理信息表单”是 1 对 0.. * 的关联，“成绩统计”依赖于“学生成绩登记”，如图 5-28 所示。“教师”和“学生”泛化为“师生”，如图 5-29 所示。

**2. 建立数据库模型**

JXGL 系统采用关系数据库系统存储和管理数据。在分析和设计系统的静态结构模型

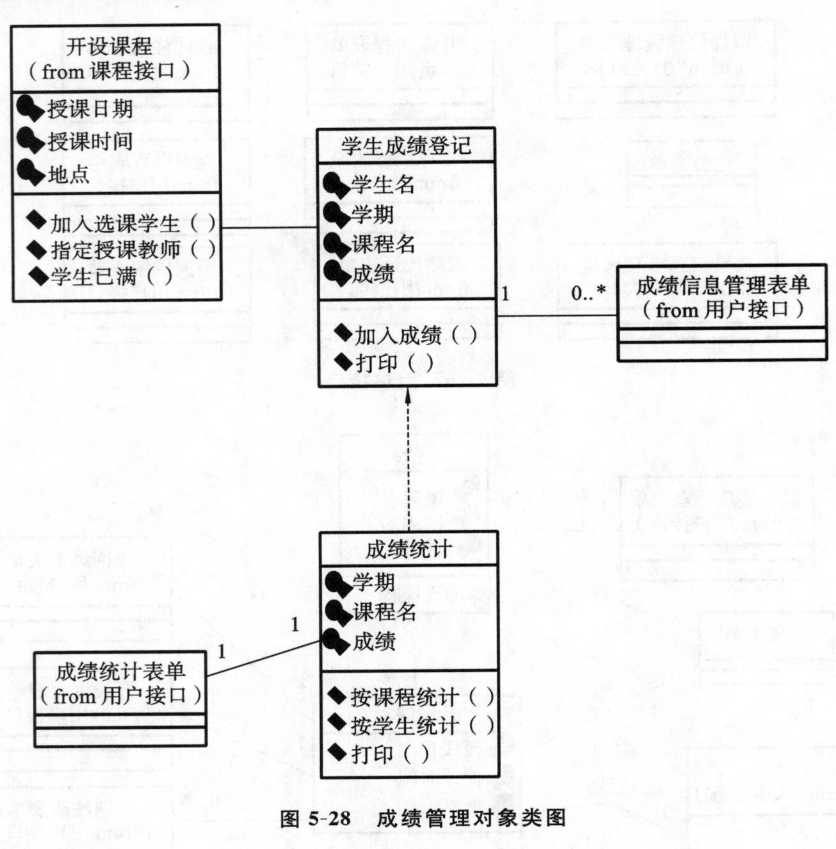


图 5-28 成绩管理对象类图

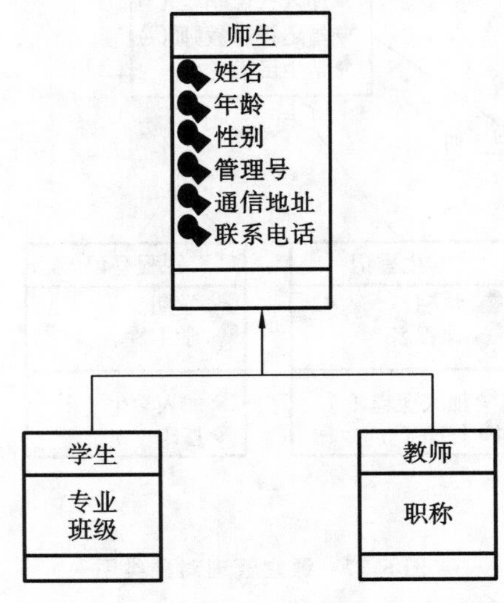


图 5-29 人事信息对象类图

时,需要进行数据分析和数据库设计。

JXGL 系统有 4 个方面的数据需要管理:人员数据(学生、教师)、课程数据、选课注册数据、学生成绩数据。

经分析,JXGL 系统至少应有 6 个数据库表:学生表、教师表、课程表、开设课程表、选课表、任课表。这些基本表的定义如下。

(1) 学生表:学生号、姓名、出生日期、性别、籍贯、地址、电话、入学时间、专业、班级、备注。

(2) 教师表:教师号、姓名、出生日期、性别、籍贯、地址、电话、职称、专长、备注。

(3) 课程表:课程号、课程名、描述、学分、学时、性质、备注。

(4) 开设课程表:课程号、学期、授课门数、授课时间、地点、选修人数、备注。

(5) 选课表:学生号、课代号、学期、成绩、备注。

(6) 任课表:教师号、课程号、学期、备注。

对于上述的基本表,需要进行关系规范化,设计用户视图、触发器、存储过程等。

数据库模式通常用实体关系模型(ERD)表示,如果有需要,也可以对象类图作为数据库模式建立模型。

**3. 建立包图**

对于大型的复杂系统,常需要把大量的模型元素用包组织起来,以方便理解和处理。

JXGL 系统虽然不算很大,但也可以把系统的对象类组织成包,以便更清楚地了解系统的结构。

包图表示的是系统的静态结构,但是建立包图时应当同时考虑系统的动态行为。图 5-30所示为教学管理包图,图 5-31 所示为 JXGL 系统的包图,图 5-32 所示为系统与子系统的包图。

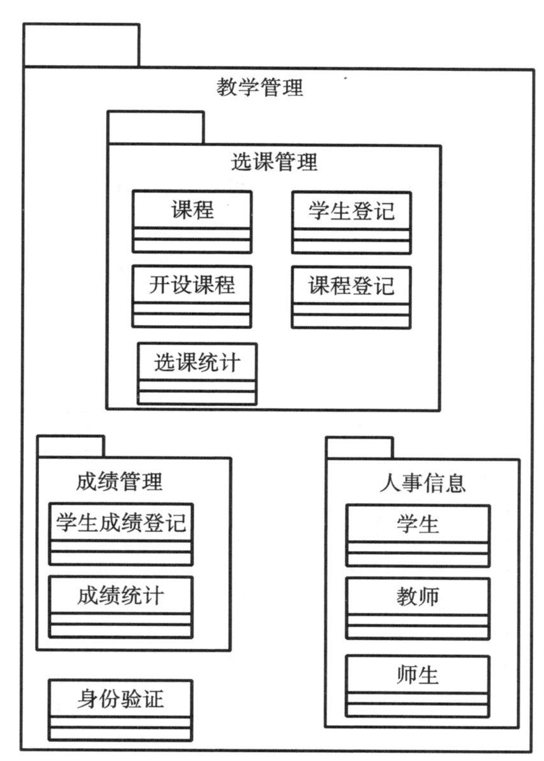


图 5-30 教学管理包图

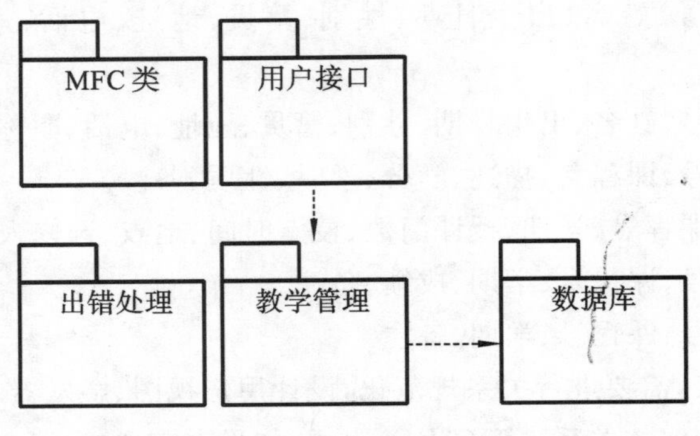

图 5-31　JXGL 系统的包图

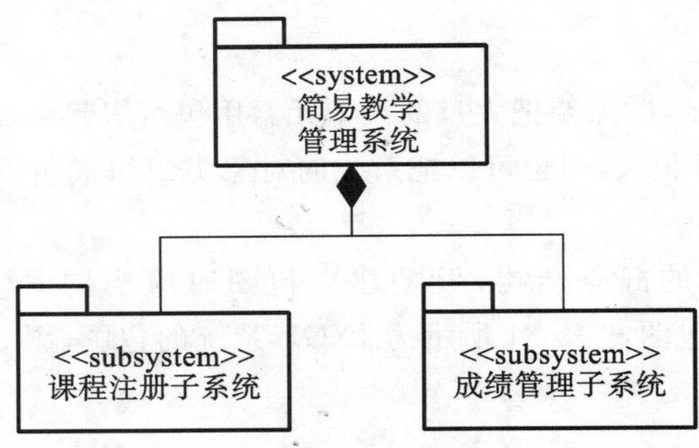


图 5-32　系统与子系统的包图

### 5.4.3　建立动态行为模型

系统动态行为模型由交互图(顺序图和协作图)、状态图、活动图表达。

**1. 建立顺序图**

首先确定参与交互的活动者、对象和交互事件,然后绘制顺序图。设置开设课程顺序图如图 5-33 所示。

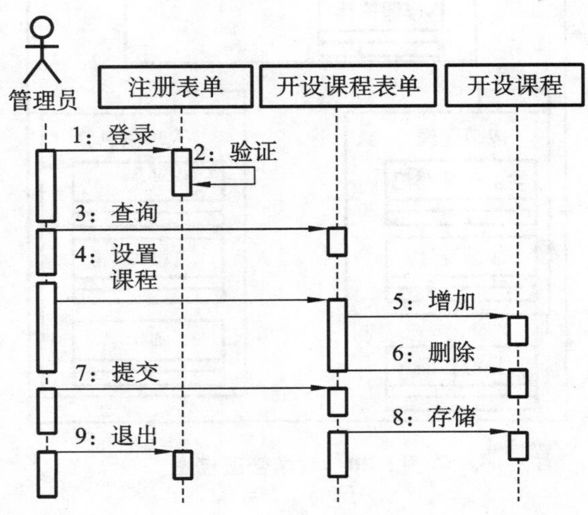


图 5-33　设置开设课程顺序图

**2. 建立协作图(协同图)**

首先确定参与协作的对象角色、关联角色和消息,再绘制协作图。管理课程信息协同图如图 5-34 所示。

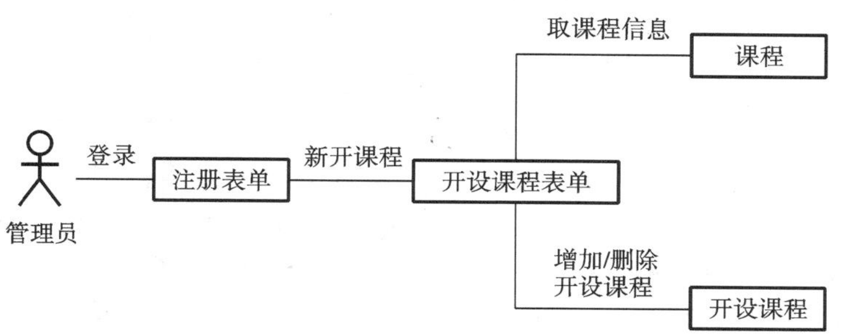


**图 5-34 管理课程信息协同图**

**3. 建立状态图**

首先确定一个对象的生命周期中可能出现的全部状态、哪些事件引起状态转移、将会发生哪些动作,然后绘制状态图。选课学生登记状态图如图 5-35 所示,选修课程登记状态图如图 5-36 所示。

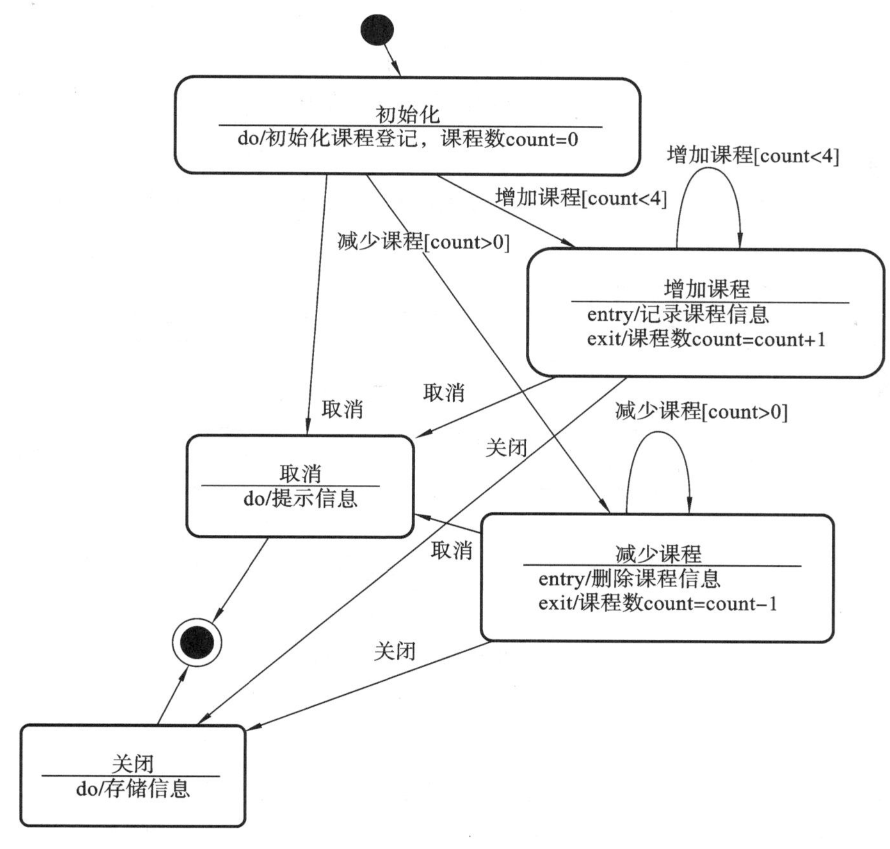


**图 5-35 选课学生登记状态图**

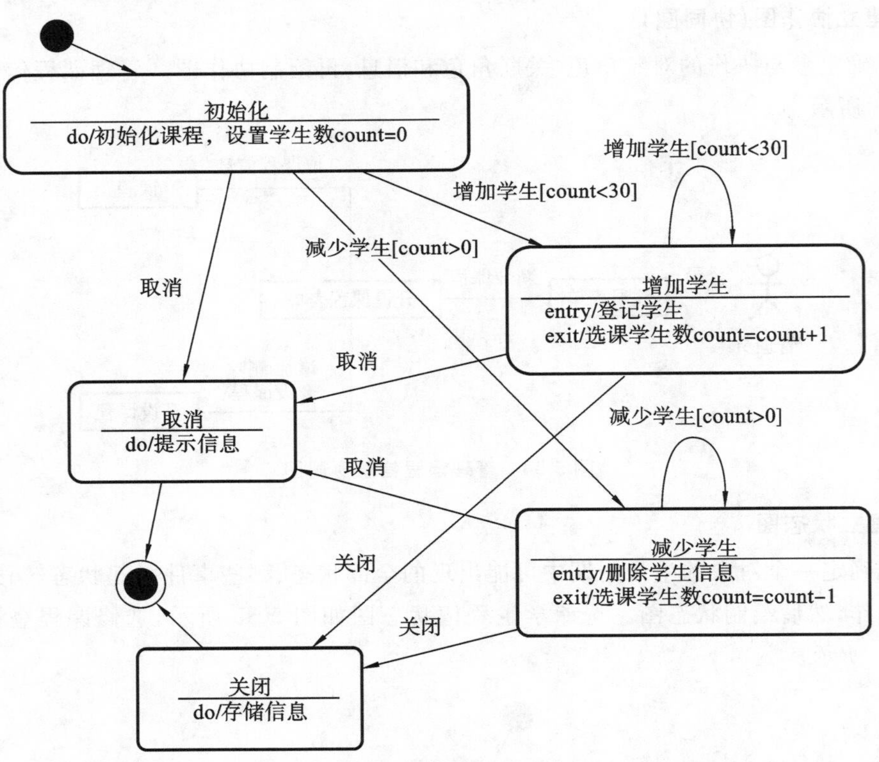


图 5-36 选修课程登记状态图

**4. 建立活动图**

首先确定参与活动的对象、动作状态、动作流和对象流，再绘制活动图。设置开设课程活动图如图 5-37 所示。

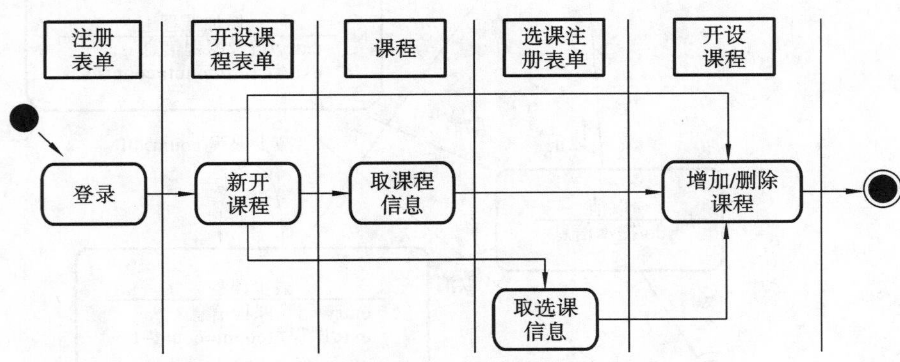


图 5-37 设置开设课程活动图



## 5.4.4 建立物理模型

建立物理模型包括建立组件图(见图 5-38)和配置图(见图 5-39、图 5-40)。

JXGL 系统是一个基于校园网和数据库的应用系统，其各个组成部分可以配置在不同的结点上，通过校园网相互通信。

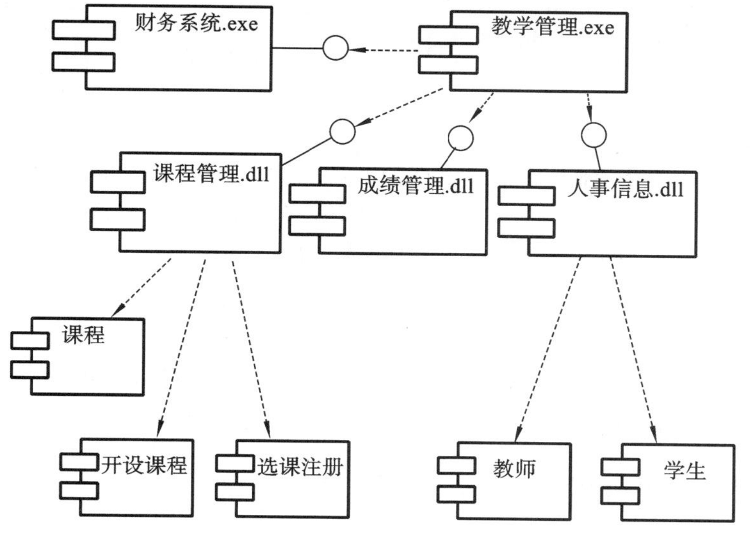

图 5-38 组件图

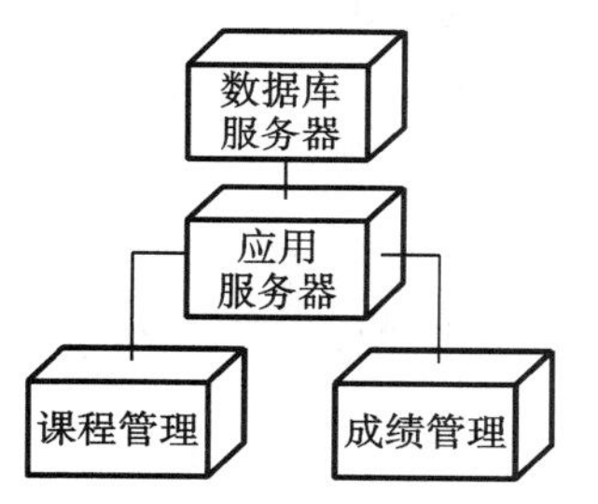

图 5-39 JXGL 系统的配置图

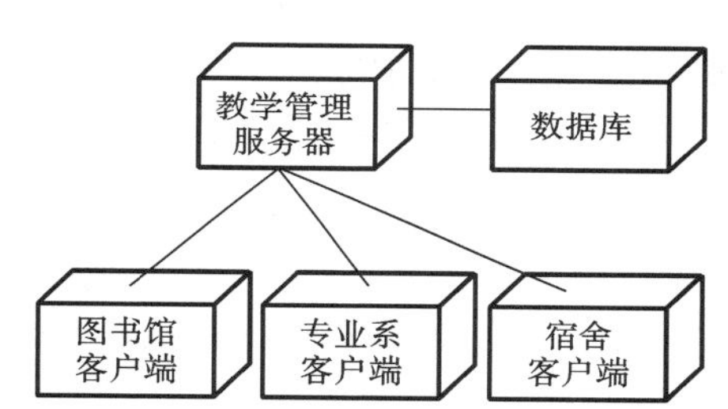

图 5-40 JXGL 系统的客户机/服务器结构的配置图

## 习 题

5-1 UML 贯穿于系统开发的哪些阶段？

5-2 什么是建模？为什么要建模？为什么采用统一建模语言建模？

5-3 统一建模语言有哪些图？哪些图是静态模型图？哪些图是动态模型图？

5-4 类之间的关系有哪几种？分别有什么特点？

5-5 简述统一建模语言中各种图的作用、目的及其之间的相互关系。

5-6 区分用例之间的关系与类之间的关系。

5-7 掌握一种 UML 绘图工具，如 Rational Rose。

5-8 有人说，UML 仅仅是一种开发工具，请阐述自己的观点。

# 第6章 软件测试

在软件的开发过程中，面对着错综复杂的各种问题，人的主观认识不可能完全符合客观现实，开发人员之间的思想交流也不可能十分完善，所以在开发周期的各个阶段不可避免地会出现差错。开发人员应力求在每个阶段结束之前进行认真、严格的技术审查，尽可能早地发现并纠正错误，否则等到软件系统投入运行后再回头来改正错误，将在人力、物力上造成很大的浪费。对系统进行测试是不可缺少的、保证系统质量的关键步骤。

测试阶段的基本任务应该是根据软件开发各阶段的文档资料和程序的内部结构，精心设计一组“高效”的测试用例，利用这些用例执行程序，找出软件潜在的缺陷。

## 6.1 软件测试的目标和原则

软件测试是指使用人工或自动手段来运行或测试某个系统的过程，其目的在于检验软件是否满足规定的需求或弄清预期结果与实际结果之间的差别。或者说，软件测试是根据软件开发各阶段的规格说明和程序的内部结构而精心设计的一批测试用例(即输入的测试数据及其预期的输出结果)，并用它们去执行程序，以发现程序错误的过程。

**1. 软件测试的目标**

G. Myers 给出了关于测试的一些规则，这些规则也可以看作是测试的目标或定义。

(1) 测试是为了发现程序中的错误而执行程序的过程；

(2) 好的测试方案是极可能发现迄今为止尚未发现的错误的测试方案；

(3) 成功的测试是发现了至今为止尚未发现的错误的测试。

测试的正确定义是：为了发现程序中的错误而执行程序的过程。测试的关键是“发现错误”，而不是“证明程序正确”。

**例 6-1** 某程序用键盘输入三个整数 $a$、$b$、$c$，表示三角形的边长，判断该三角形是等边三角形、等腰三角形还是一般三角形。

```
if(a==b&&b==c)printf('等边三角形');
else if(a==b)printf('等腰三角形');
else printf('任意三角形');
```

要证明程序正确，选择三组测试数据：$a=4,b=4,c=4$；$a=4,b=4,c=5$；$a=3,b=4,c=5$。

实际上程序中存在着严重错误(负数，两边之和小于第三边)。

由该例可见，正确认识测试的目标是十分重要的，测试目标决定了测试方案的设计。如果为了表明程序是正确的而进行测试，就会设计一些不易暴露错误的测试方案；相反，如果测试是为了发现程序中的错误，就会力求设计出最能暴露错误的测试方案。

**2. 软件测试的原则**

(1) 尽早地、不断地进行软件测试。由于软件具有复杂性和抽象性，因此软件开发的各个环节都可能产生错误。应坚持在软件开发的各个阶段进行技术评审，以尽早发现和预防错误，把出现的错误尽早改正，以杜绝某些隐患。在发现错误并改正后，要重新进行测试。对软件的修改可能会带来新的错误，不要希望软件测试能一次成功。

在概要设计阶段应完成测试计划，详细的测试用例定义可在设计模型确定后开始，所有测试可在任何代码产生之前进行计划和设计。严格执行测试计划，排除测试的随意性。

软件测试不等同于程序测试。软件测试应贯穿于软件定义与开发的整个过程。据美国一家公司统计，在查出的软件错误中，属于需求分析和软件设计的错误约占 64%，属于程序编写的错误仅占 36%。程序编写的许多错误是“先天的”。

(2) 所有的软件测试都应该能追溯到用户需求。正如前面所言，软件测试的目标是发现错误。从用户的角度看，最严重的错误是导致程序不能满足用户需求的那些错误。软件中的问题根源可能在开发前期的各阶段解决，纠正错误也必须追溯到前期工作。

(3) 软件测试必须有预期结果。在执行测试程序之前，应该对期望的输出有很明确的描述，测试后将程序的输出同预期结果进行对照。若不事先确定预期的输出，可能把似乎是正确而实际是错误的结果当成是正确的结果。

(4) 程序员应该避免检查自己的程序。为了尽可能多地发现错误，从某种意义上讲，软件测试是对程序员工作的一种否定。因此，程序员检查自己的程序时会存在一定的心理障碍，而软件测试工作需要严谨的作风、客观的态度和冷静的情绪。另外，由于程序员对软件规格说明理解的偏差而引入的错误更难发现。如果由别人来测试程序员编写的程序，则会更客观、更有效，并且更容易取得成功。

(5) 充分注意测试中的群集现象。软件缺陷可能成群出现，也就是说，发现一个缺陷，附近就可能有一群缺陷。造成群集现象的可能原因是：程序员在某一段时间内情绪不好，程序员往往犯同样的错误，有些软件缺陷可能只是“冰山一角”。这也符合帕累托法则：测试发现的错误中的 80%很可能是由程序中的 20%的模块造成的。例如，IBM370 OS 由用户发现的 47%的错误集中在 4%的模块中。

(6) 并非所有的软件缺陷都要修复。软件测试员要对找到的缺陷进行判断，根据风险决定哪些缺陷需要修复，哪些缺陷不需要修复。造成软件缺陷不能修复的原因有：时间不够、不算真正的软件缺陷、修复的风险太大、不值得修复。

(7) 完全测试是不可能的。要想对该软件进行完全测试，不仅需要大量的输入，而且输出结果和执行路径也相当多，另外软件说明书的主观性也决定这项工作不可能完成。

所以软件测试是有风险的活动。如果不选择完全测试所有情况，那就是选择了冒险。测试人员此时要做的是如何将数量巨大的可能测试减少到可以控制的范围，并针对风险做出明智的选择，哪些测试重要，哪些测试不重要。

(8) 杀虫剂现象。软件测试越多，软件对测试的免疫力越强，寻找更多软件缺陷就越困难。在软件测试中采用单一的方法不能高效和完全地针对所有软件缺陷，因此软件测试应该尽可能多地采用多种途径进行测试。

(9) 妥善保存测试计划、测试用例、出错统计和最终的分析报告。

## 6.2 软件测试的步骤

大型软件的测试必须分步进行：应该从“小规模”测试开始，并逐步进行“大规模”测试。通常，首先重点测试单个程序模块，然后把测试重点转向在集成的模块簇中寻找错误，最后在整个系统中寻找错误。软件测试按测试的先后次序可分为 4 个步骤进行，即单元测试、集成测试、确认测试和系统测试，最后进行验收测试，如图 6-1 所示。

(1) 单元测试。单元测试又称模块测试，是最小单位的测试，其依据是详细设计描述，

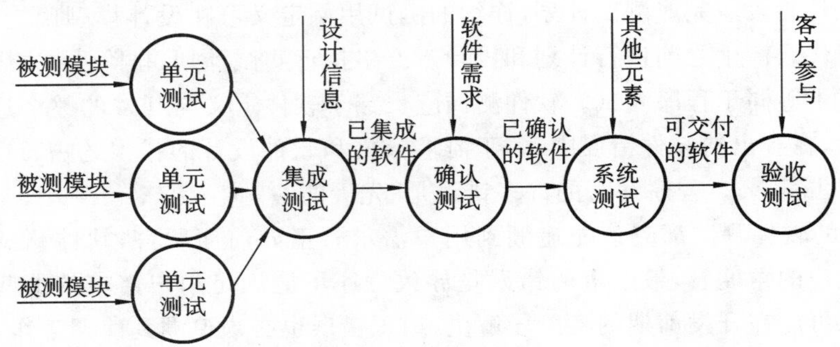


图 6-1 软件测试过程

对模块内所有重要的控制路径设计测试用例，以便发现模块内部的错误。单元测试多采用白盒测试方法，系统内多个模块可以并行地进行单元测试。

(2) 集成测试。集成测试又称组装测试，是在单元测试的基础上，将所有模块按照设计要求组装成子系统或系统后进行的测试活动。

(3) 确认测试。完成集成测试以后，要对开发工作初期制定的确认准则进行检验。确认测试是检验所开发的软件能否满足所有功能和性能需求的最后手段，通常采用黑盒测试方法。

(4) 系统测试。系统测试是指将通过确认测试后的软件作为整个基于系统的一个元素，与硬件、支持软件、数据和人员等其他系统元素结合在一起，在实际运行环境下，对系统进行一系列的集成测试和确认测试。

**1. 单元测试**

单元测试是软件测试的第一步，是针对软件设计的最小单位——程序模块进行正确性检验的测试工作。通常，单元测试阶段和编码阶段属于软件工程过程中的同一个阶段，在编写出源程序代码并通过编译程序的语法检查之后，就可以进行单元测试工作，目的在于发现模块内部可能存在的各种错误。多个模块可以平行地独立进行单元测试。

单元测试主要从以下 5 个方面进行。

(1) 模块接口测试。

单元测试首先对通过模块接口的数据流进行测试。如果发现数据不能按预定要求进出模块，所有其他测试都是不切实际的。接口测试主要从如下几个方面考虑：模块的形参和其驱动模块送来的参数的个数、类型、次序是否一致；模块传送给被调用模块的参数与其桩模块的参数的个数、类型和次序是否一致；模块传送给库函数的变量的个数、类型和次序是否正确；全局变量的定义和用法在各个模块中是否一致；所使用的外部文件的属性是否正确，打开文件的语句是否正确，缓冲区大小是否与记录长度相匹配，文件结束判断处理是否一致。



(2) 局部数据结构测试。

模块内部数据是否完整，内容、形式、相互关系是否有错，常常是软件错误的主要来源。对局部数据结构进行测试时应做如下考虑：错误或不相容的数据说明或使用了尚未初始化的变量、错误的初始值或不正确的缺省值、错误的变量名或数据类型不相容、溢出(上溢或下溢)或地址异常、全局数据对模块的影响。

(3) 重要路径测试。

由于通常不能进行穷尽测试，因此在单元测试期间，应选择最有代表性、最可能发现错误的执行路径进行测试。重要路径测试方案应重点测试由于错误计算、不正确的比较或不适当的控制流而造成的错误。常见的错误如下:运算的次序错误(误用了运算符的优先级);混合运算对象的类型彼此不相容;变量初始值不正确;精度不够,或由于精度问题,两个量不可能相等时,程序中却期待着相等条件的出现;错误地修改循环变量,错误的或不可能达到的循环终止条件;"差 1"错误(多循环 1 次或少循环 1 次);当遇到发散的循环迭代时循环不能终止。

(4) 错误处理测试。

较好的模块设计应能预见出错的条件,并设置相应的出错处理。这样,程序一旦发生错误,就会按照预定的方法进行处理,保证逻辑上的正确性。这种错误处理应当是模块功能的一部分,也应是测试的内容之一。对错误处理进行测试时,应重点考虑下列问题:对可能出现的错误的描述是否难以理解;出错的描述不足以对错误定位,或不足以确定出错的原因;显示的错误与实际的错误不符;对错误的条件处理不正确;在对错误进行处理之前,错误条件已经引起系统的干预。

(5) 边界测试。

边界测试是单元测试中最后的,也可能是最重要的工作。程序常常在边界上出现错误。例如,在一段程序内有一个 $n$ 次循环,当到达第 $n$ 次循环时就有可能出错。因此,要特别注意数据流、控制流中恰好等于、大于或小于确定的比较值时出错的可能性,要精心设计测试用例来对这些地方进行测试。

当每个模块的代码编制完成,并经过评审和验证,确认没有语法错误后,就可以进行单元测试。单元测试可分为以下三个步骤进行。

(1) 配置测试环境。

模块是软件中的一个单独的编译单位,而不是一个单独的执行单位。所以,在测试时要为模块设计两类附加模块——驱动模块和桩模块,来模拟模块的实际运行环境。

驱动模块:用来调用被测模块的模拟模块。通常驱动模块就是一个"主程序",主要用来接收测试数据,把这些数据传送给被测试的模块,并且打印出有关结果。

桩模块:用来代替被测试的模块所调用的模块,又称存根模块或支撑模块,它接收被测试模块的调用,可以做最少的数据操作,打印出对入口检验或操作的结果,并且把控制归还给调用它的模块。

被测试的模块和与它相关的驱动模块、桩模块共同构成一个"测试环境",如图 6-2 所示。驱动模块和桩模块通常不作为软件产品的一部分交给用户,但是为了进行单元测试必须编写,这就为软件测试带来了额外的开销。特别是在进行桩模块的编写时,尽管不用写出被代替模块的全部功能,但也不能简单地给出"曾经进入"的信息。有时为了能够正确地测试软件,桩模块可能需要模拟某些实际的功能,这将是一个比较大的工作量。所以说桩模块是单元测试中重要的成本开销。

(2) 编写测试数据。

单元测试以详细设计说明为依据,从程序的内部结构出发来设计测试用例。主要采用白盒测试用例,以路径覆盖作为最佳测试准则,同时辅以黑盒测试用例,使之对任何合理的和不合理的输入都能鉴别和响应。

(3) 进行多个模块的并行测试。

上述三个测试步骤都是基于计算机的单元测试。

为了提高测试效率,在进行计算机测试之前,常常首先对源程序代码进行人工的静态测

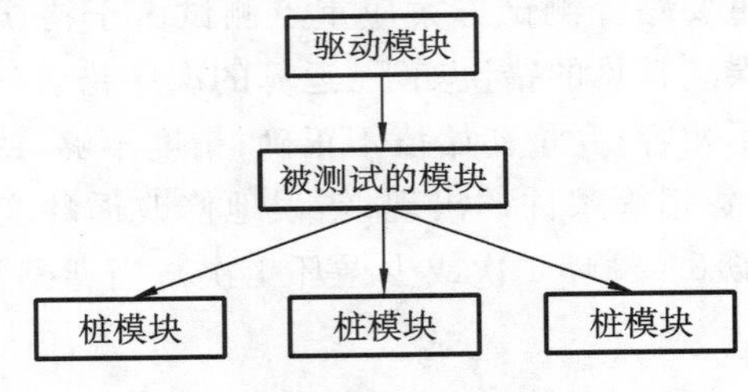


图 6-2　单元测试的测试环境

试。对于人工的静态测试,可以由编写程序者本人非正式地进行,也可以组织审查小组正式进行。正式的代码审查是一种很有效的程序验证技术,对于典型的程序来说,可以查出 30%～70%的逻辑设计错误和编码错误。

审查小组一般由程序设计者、程序编写者、程序测试者组成,由软件设计能力很强的高级程序员担任组长。如果一个人既是程序设计者又是程序编写者,或既是程序编写者又是程序测试者,则审查小组中应再增加一个程序员。审查会之前先由程序设计者扼要地介绍其设计,审查小组各成员研究设计说明书,力求理解这个设计。在审查会上由程序编写者解释程序代码,通常是逐条语句讲述程序的逻辑,其他成员在倾听的过程中如发现错误则记录下来(并不改正)。审查会还可以另一种被称为"预排"的方法进行:由一个人扮演"测试者",其他人扮演"计算机",模拟执行被测试的程序。当然,由于人的执行速度极慢,因此测试用例必须简单,测试方案的数量也不能很多,主要是起到促进思考、引起讨论的作用。通常情况下,通过向程序员提出其在编写程序时所做的关于程序逻辑的假设的疑问,可以发现的错误比测试用例直接发现的错误还多。

通过人工代码审查后,再进行基于计算机的动态测试,可以大大减少系统验证总的工作量。人工代码审查和计算机测试各有优势。一次代码审查会可以发现许多错误;用计算机测试时,错误是一个一个地被发现并改正的。实践证明,对于查找某些类型的错误来说,人工测试比计算机测试更有效;而对于其他类型的错误来说,则刚好相反。因此,人工测试和计算机测试是相互补充、相辅相成的,缺少其中的任何一种方法都会使查找错误的效率降低。

**2. 集成测试**

集成测试又称组装测试或联合测试。在每个模块完成单元测试以后,需要按照设计时画出的结构图,把模块连接起来进行测试,即集成测试。集成测试是指在单元测试的基础上将所有模块按照设计要求组装成一个完整的系统而进行的测试,重点测试模块的接口部分,需要设计测试过程中所使用的驱动模块或桩模块,测试方法以黑盒测试方法为主。

集成测试主要发现软件设计阶段的错误。

在单元测试的基础上,需要将所有模块按设计要求组装成系统。在经过单元测试但未发现错误的模块,组装之后仍可能出现各种问题。例如,数据通过接口可能丢失、一个模块对另一个模块由于疏忽而造成的有害影响、子功能组合起来不能产生预期的总功能、全程数据结构有错误、个别看似可以接受的误差组装后可能积累到不能接受的程度等,这些问题必须通过集成测试才能发现。

集成测试有两种不同的方法:非渐增式测试和渐增式测试。

1) 非渐增式测试

如图 6-3 所示,非渐增式测试是指先分别测试六个模块 A、B、C、D、E、F,然后将它们连接到一起再进行测试。若采用这种方式，在测试某个模块 X 时，需要临时为它设计一个驱动模块和若干个桩模块，如图 6-4 所示。驱动模块的作用是模拟模块 X 的调用模块，桩模块的作用则是模拟模块 X 的下层模块。例如，调试图 6-3 中的模块 B 时，要为它设计一个驱动模块，其作用是将调试数据传送给模块 B 并接收和显示模块 B 产生的结果。同时，因模块 B 要调用模块 E，所以还需设计一个桩模块，用来接受模块 B 的控制并模拟模块 E 的功能。临时模块（驱动模块和桩模块）可以设计得非常简单，只要满足测试要求即可。

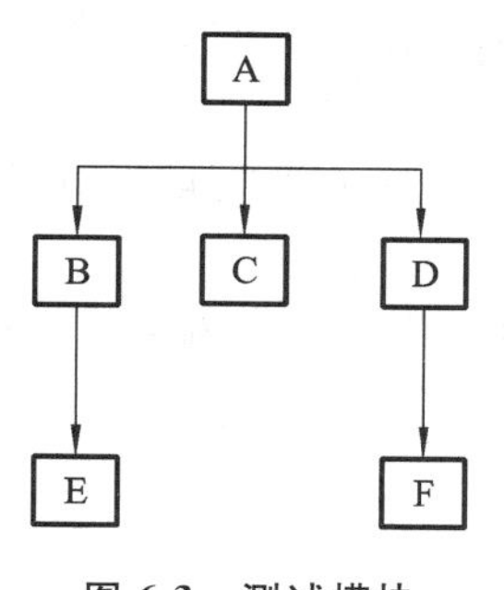


**图 6-3　测试模块**



**图 6-4　驱动模块和桩模块**

2）渐增式测试

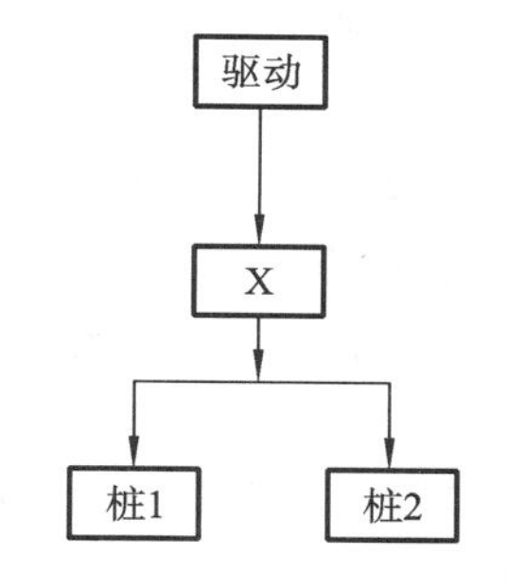

渐增式测试又可分为自顶向下测试和自底向上测试等多种方式。

（1）自顶向下测试。

从主控模块开始，沿着模块层次，边组装边测试已组装部分的功能，直到全部组装完毕，系统达到设计的功能和性能要求为止。

为保证测试顺利进行，必须提供保证测试条件的桩模块，再用实际的下层模块代替桩模块，并进行回归测试。

回归测试是相对于原始测试而言的，它部分或全部地重复前面进行过的测试工作。

（2）自底向上测试。

与自顶向下测试相反，自底向上测试先组装最低层模块，然后向上逐步组装。每组装一个模块，便测试由此模块及其下层模块组成的子功能，直到全部装配完毕，达到系统设计的功能和性能要求为止。

为保证测试顺利进行，必须提供保证测试条件的驱动程序，然后用实际的上层模块代替该驱动程序。

若对图 6-3 采用自底向上的渐增式测试方式，则首先顺序地或并行地（例如由三个人完成）调试模块 E、G、F，此时只需为每个模块临时准备驱动模块，但不需要桩模块；然后为模块 B 准备一个驱动模块，将模块 B 与模块 E 连接起来测试；再为模块 D 准备一个驱动模块，将模块 D 与模块 F 连接起来调试；最后把模块 A 与其他各模块连接起来并测试。

3）非渐增式测试和渐增式测试的比较

通过对上述两种测试方法的比较，可以得出以下几点结论。

（1）非渐增式测试需要更多的人工操作（如准备较多的控制模块和桩模块），而渐增式测试则可利用已经调试过的模块（如采用自底向上测试时可不需要桩模块 ）。

（2）渐增式测试可以较早地发现模块界面之间的错误，而非渐增式测试则要到最后将所有模块相连时才能发现这类错误。

（3）渐增式测试有利于排错。如果界面有错，错误通常与最新加上去的那个模块有关，比较容易定位，而非渐增式测试则不然。

(4) 渐增式测试比较彻底。渐增式测试以前面测试过的模块作为驱动模块或桩模块，所以这些模块将得到进一步的检查。

(5) 渐增式测试需要较多的机器时间。例如在图 6-3 中，若采用自底向上的渐增式测试，则在调试模块 A 时，模块 B、C、D、E、F 也要执行；若采用非渐增式测试，在调试模块 A 时，只要执行用来模拟模块 B、C、D 的桩模块即可。当然，编写这些桩模块也需要花费一定的机器时间，所以可抵消一部分机器时间。

(6) 采用非渐增式测试可以并行(同时)测试所有模块，能充分利用人力，这对软件开发是很有意义的。

综上所述，可以认为渐增式测试比非渐增式测试优越。自底向上的渐增式测试是一种较为合适的测试方法。

当然，在测试一个实际系统时，没必要机械地照搬上述某些方法。例如：当把一个已经充分测试过的模块结合进来时，可以着重测试模块之间的接口；当把一个没有充分测试过的模块结合进来时，则需要利用已测试过的模块充分测试。

**3. 确认测试**

集成测试完成以后，分散开发的模块被连接起来，构成完整的程序。其中各模块之间的接口存在的各种问题都已消除，此时可进行测试工作的最后部分——确认测试。确认测试又称为有效性测试或合格性测试，其任务是验证系统的功能、性能等是否符合需求规格说明。确认测试阶段应进行以下两项工作。

1) 进行确认测试

确认测试一般是在模拟环境(或开发环境)下运用黑盒测试方法验证软件特性是否与需求符合。需要首先制定测试计划，确定测试步骤，设计测试用例。测试用例应选用实际运用的数据。测试结束后，应该写出测试分析报告。经过确认测试后，可能有两种情况：①经过检验的软件功能、性能及其他要求均已满足需求规格说明书的规定，因而软件可能被认为是合格的；②经过检验发现软件功能、性能及其他要求与需求规格说明书有相当大的偏离，最终得到一个各项缺陷清单。对于第二种情况，修改错误的工作量非常大，往往很难在交付期之前把发现的问题纠正过来。这就需要开发部门和用户进行协商，找出解决办法。

2) 审查软件配置

配置审查有时也称为配置审计，是确认过程的重要环节。所谓软件配置，是指软件工程过程中所产生的信息项——文档、报告、程序、表格、数据等。随着软件工程过程的进展，软件配置项快速增加和变化。审查软件配置时，应复查软件配置项是否齐全，检查软件的所有文档资料的完整性和正确性。如发现遗漏和错误，应补充和改正。同时要编排好目录，为以后的软件维护工作奠定基础。



经过确认测试得到测试报告，通过软件配置审查得到软件配置情况。这两种结果都要经过管理机构裁决后，再通过专家鉴定会的评审。

**4. 系统测试**

由于软件只是计算机系统的一个组成部分，软件开发完成后，最终还要和系统中的其他部分(如计算机硬件，外部设备，某些支持软件、数据)集成起来，在投入运行以前完成系统测试，以确保各组成部分不仅能单独地检验，而且在系统各部分协调工作的环境下也能正常工作。尽管每一个检验有着特定的目标，然而所有的检验工作都要验证系统中的每个部分均已得到正确的集成，并能完成指定的功能。以下简要地说明集中系统测试。

1）功能测试

功能测试又称正确性测试，它主要检查软件的功能是否与需求规格说明书相符。由于正确性是软件最重要的质量因素，所以功能测试也是最重要的。

功能测试的基本方法是构造一些合理输入，检查是否得到期望的输出。功能测试是一种枚举的测试方法。倘若枚举空间是无限的，关键在于寻找等价区间。还有一种有效的测试方法是边界值测试。

2）性能测试

性能测试用来测试软件在集成系统中的运行性能，特别是针对实时系统和嵌入系统。性能测试可以在测试过程的任意阶段进行，但只有当整个系统的所有成分都集成到一起后，才能检查一个系统的真正性能。这种测试常常与强度测试结合起来进行。

3）安全测试

安全测试的目的在于验证安装在系统内的保护机制能够在实际中保护系统，并不受非法侵入，不受各种非法的干扰。系统的安全测试要设置一些测试用例，以试图突破系统的安全保密措施，检验系统是否有安全保密的漏洞。

4）恢复测试

操作系统、数据库管理系统等都有恢复机制，即当系统受到某些外部事故的破坏时能够重新恢复正常工作。恢复测试试图通过各种手段，强制性地使软件出错而不能正常工作，进而检验系统的恢复能力。如果系统恢复是自动的（系统本身完成），则应检验重新初始化、检验点设置机构、数据恢复以及重新启动是否正确；如果系统恢复需要人为干预，则应考虑平均修复时间是否在限定的范围以内。

5）文档测试

文档测试主要检查文档的正确性、完备性和可理解性。这里的正确性是指不要把软件的功能和操作写错，也不允许文档的内容前后矛盾；完备性是指文档不可以“虎头蛇尾”，更不允许漏掉关键内容；可理解性是指文档要让大众用户看得懂、能理解。

总的来说，系统测试是一项比较灵活的工作，对测试人员有较高的要求：既要很了解用户的环境和系统的使用，又要有从事各类测试的经验和丰富的软件知识。参加文档测试的人员为有经验的系统测试专家、用户代表、软件系统的分析员或设计员。

**5. 验收测试**

验收测试是部署软件之前的最后一个测试操作。验收测试的目的是确保软件准备就绪，并且可以让最终用户将其用于执行软件的既定功能和任务。通过综合测试之后，软件已完全组装起来，接口方面的错误也已排除，软件测试的最后一步——验收测试即可开始。验收测试应检查软件能否按合同要求进行工作，即是否满足软件需求说明书中的确认标准。

1）验收测试标准

实现软件确认要通过一系列的黑盒测试。验收测试同样需要制定测试计划和过程。测试计划应规定测试的种类和测试进度，测试过程则定义一些特殊的测试用例，旨在说明软件与需求是否一致。无论是测试计划还是测试过程，都应该着重考虑软件是否满足合同规定的所有功能和性能，文档资料是否完整、准确，人机界面和其他方面（例如可移植性、兼容性、错误恢复能力和可维护性等）是否令用户满意。验收测试的结果有两种：一种是功能和性能指标满足软件需求说明书的要求，用户可以接受；另一种是软件不满足软件需求说明书的要求，用户无法接受。项目进行到这个阶段才发现的严重错误和偏差一般很难在预定的工期内改正，因此必须与用户协商，寻求一个妥善解决问题的方法。

2）配置复审

验收测试的另一个重要环节是配置复审。复审的目的在于保证软件配置齐全、分类有序，并且包括软件维护所必需的细节。

3）α测试和β测试

事实上，软件开发人员不可能完全预见用户实际使用程序的情况。例如，用户可能错误地理解命令，或提供一些奇怪的数据组合，亦可能对设计者自认明了的输出信息迷惑不解，等等。因此，软件是否真正满足最终用户的要求，应由用户进行一系列验收测试。验收测试既可以是非正式的测试，也可以是有计划、有系统的测试。有时，验收测试长达数周甚至数月，不断暴露错误，导致开发延期。一个软件产品可能拥有众多用户，不可能由每个用户验收，此时多采用α测试、β测试，以期发现那些似乎只有最终用户才能发现的问题。α测试是指软件开发公司组织内部人员模拟各类用户对即将面市软件产品（称为α版本）进行的测试，其目的是试图发现错误并修正。α测试的关键在于尽可能逼真地模拟实际运行环境和用户对软件产品的操作，并尽最大努力涵盖所有可能的用户操作方式。经过α测试调整的软件产品，称为β版本。紧随α测试的β测试是指软件开发公司组织各方面的典型用户在日常工作中实际使用β版本，并要求用户报告异常情况、提出批评意见，然后软件开发公司再对β版本进行改错和完善，一般包括功能性、安全可靠性、易用性、可扩充性、兼容性、效率、资源占用率、用户文档八个方面。

## 6.3 软件测试的方法

测试任何软件产品都有两种方法：黑盒测试和白盒测试。如果已经知道了产品应该具有的功能，可以通过测试来检验每个功能是否都能正常使用；如果知道产品的内部工作过程，可以通过测试来检验产品内部动作是否按照规格说明书的规定正常进行。前一种方法称为黑盒测试，后一种方法称为白盒测试。根据不同的测试对象和环境，选择不同的测试方法是很重要的。

黑盒测试是根据程序的功能和性能进行测试的方法。它把被测程序（模块）看成一个黑盒子，完全不考虑程序内部的数据结构和逻辑通路。也就是说，黑盒测试是在程序接口进行的测试，它只检查程序功能和性能是否满足预期需要，程序是否能适当地接收输入数据，产生正确的输出数据，并保持外部信息（如文件或数据库）的完整性。白盒测试是根据程序的逻辑结构进行测试的方法。它把程序看成是装在一个透明的白盒中，也就是完全了解程序内部的结构和处理过程。这种方法按程序内部的逻辑来测试程序，检验程序的每条通路是否都能按规定要求正确工作。

无论是黑盒测试还是白盒测试，一般情况下都无法实现穷举测试。黑盒测试时，若要进行穷举测试，则必须对所有输入数据的各种可能值的排列组合都进行测试，但是这些排列组合数量往往大到实际无法测试的程度。

例如，某程序输入三个整数，计算机字长16位，每个整数可能取的值有 $2^{16}$ 个，三个整数总共有 $2^{16}\times2^{16}\times2^{16}$（$\approx3\times10^{14}$）种可能的排列组合。若每执行一次测试所需的时间为1毫秒，则共需1万年！

白盒测试时，为了做到穷举测试，程序中的每条可能的通路至少应执行一次（严格地说每条通路都应该在每种可能的输入数据下执行一次）。

图6-5所示的程序流程图共有 $5^{20}$（$\approx10^{14}$）条可能执行的通路，若每秒钟测试一条通路，

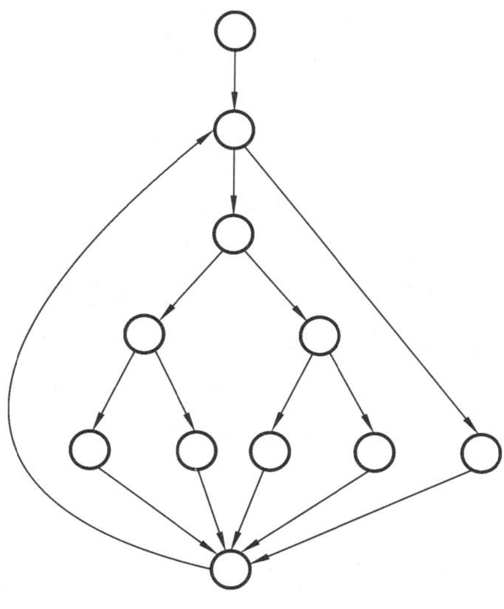

图 6-5　循环 20 次的嵌套分支结构

则需要 3170 年。

因为不能完成穷举测试，所以测试不可能发现程序中的所有错误，也就是说，通过测试并不能证明程序是正确的。但可以做到的是，通过设计高效的测试用例来查找出软件中尽可能多的错误。

高效的测试用例就是在所有的测试用例中选择最容易发现软件错误的测试用例和数据。

**1. 黑盒测试**

黑盒测试注重于测试软件的功能需求，主要试图发现下列几类错误：功能错误或遗漏、性能错误、初始化和终止错误、界面错误、数据结构或外部数据库访问错误。

黑盒测试常用的测试方法包括等价类划分法、边界值分析法、因果图法和错误推测法。

1）等价类划分法

等价类划分法是把被测试的程序的所有可能的输入数据(有效的和无效的)划分成若干个等价类，把无限的随机测试变成有针对性的等价类测试的方法。

按这种方法可以合理地做出下列假定：每类中的一个典型值在测试中的作用与这一类中所有其他值的作用相同。如果该类中的一个用例能发现错误，那么其他测试用例也能发现该错误；如果该类中的一个用例不能发现错误，那么其他测试用例也不能发现该错误。因此，可以从每个等价类中只取一组数据作为测试数据，这样可选取少量有代表性的测试数据来代替大量相类似的测试数据，从而大大减少总的测试次数。

设计等价类的测试用例一般分两步进行：

(1) 划分等价类并给出定义。

划分等价类时，需要研究程序的功能说明，以确定输入数据的有效等价类和无效等价类。在确定输入数据的等价类时，常常还需要分析输出数据的等价类，以便根据输出数据的等价类导出对应的输入数据的等价类。

划分等价类的启发性规则如下。

①如果输入条件规定了一个输入值的范围，则可划分出一个有效等价类和两个无效等价类。例如，$1 \leqslant x \leqslant 600$，有效等价类：$1 \leqslant x \leqslant 600$；无效等价类：$x<1$，$x>600$。

②如果输入条件规定了输入数据的个数，则可划分出一个有效等价类和两个无效等价类。例如，规定每个学生可选修 1～3 门课，有效等价类：选修 1～3 门课；无效等价类：未选修和选修门数超过 3 门。

③输入条件包含一个必须成立的情况。例如，标识符第一个字符必为字母，有效等价类：第一个字符是字母；无效等价类：第一个字符为非字母。

④如果输入条件指定一个输入数据的离散值，且每一种值采用不同的处理，则每个允许的输入值都是一个有效等价类，此外还有一个无效等价类，即不为规定的取值。例如，某校教师分房方案中规定对助教、讲师、副教授和教授分别计算分数，做相应处理，有效等价类：助教、讲师、副教授、教授；无效等价类：为其他不符合上述身份人员的集合。

⑤如果有理由相信，在已划分的等价类中的元素不被程序以相同方式处理，则应将其进一步划分成更小的等价类。

（2）选择测试用例。

划分等价类后，可按下述原则设计测试用例：

①设计一组测试用例，使之尽可能多地覆盖尚未覆盖的有效等价类。重复这一步骤，直到所有的有效等价类都被覆盖为止。

②设计一组测试用例，使它一次覆盖一个无效等价类。重复这一步骤，直到所有的无效等价类都被覆盖为止。

这样做的原因是，程序中的某些错误检查往往会屏蔽其他错误检查。

**例 6-2** 某城市的电话号码由三个部分组成，这三个部分的名称和内容分别是：地区码（空白或三位数字）、前缀（非“0”或“1”开头的三位数字）、后缀（四位数字）。

假定被测试的程序能接受一切符合上述规定的电话号码，拒绝所有不符合规定的号码，就可用等价分类法来设计其测试用例。

**解** 第一步：划分等价类，包括四个有效等价类、十一个无效等价类。表 6-1 列出了电话号码程序的等价类。在每一等价类后加编号，以便识别。

**表 6-1 电话号码程序的等价类**

| 输入条件 | 有效等价类 | 编号 | 无效等价类 | 编号 |
|---|---|---|---|---|
| 地区码 | 空白 | 1 | 有非数字字符 | 5 |
| | 三位数字 | 2 | 少于三位数字 | 6 |
| | | | 多于三位数字 | 7 |
| 前缀 | 200～999 | 3 | 有非数字字符 | 8 |
| | | | 起始位为“0” | 9 |
| | | | 起始位为“1” | 10 |
| | | | 少于三位数字 | 11 |
| | | | 多于三位数字 | 12 |
| 后缀 | 四位数字 | 4 | 有非数字字符 | 13 |
| | | | 少于四位数字 | 14 |
| | | | 多于四位数字 | 15 |

第二步：确定测试用例。电话号码程序的测试用例如表 6-2 所示。

**表 6-2　电话号码程序的测试用例**

| 测试用例编号 | 输入数据 | | | 预期输出 | 覆盖等价类 |
|---|---|---|---|---|---|
| | 地区码 | 前缀 | 后缀 | | |
| 1 | 空白 | 334 | 5678 | 接受(有效) | 134 |
| 2 | 123 | 356 | 4567 | 接受(有效) | 234 |
| 3 | 20A | 123 | 4567 | 拒绝(无效) | 5 |
| 4 | 33 | 234 | 4567 | 拒绝(无效) | 6 |
| 5 | 1234 | 234 | 3456 | 拒绝(无效) | 7 |
| 6 | 123 | 2S3 | 1234 | 拒绝(无效) | 8 |
| 7 | 123 | 013 | 1234 | 拒绝(无效) | 9 |
| 8 | 123 | 123 | 1234 | 拒绝(无效) | 10 |
| 9 | 123 | 23 | 1234 | 拒绝(无效) | 11 |
| 10 | 123 | 2345 | 1234 | 拒绝(无效) | 12 |
| 11 | 123 | 234 | 1w34 | 拒绝(无效) | 13 |
| 12 | 123 | 234 | 34 | 拒绝(无效) | 14 |
| 13 | 123 | 234 | 23456 | 拒绝(无效) | 15 |

2）边界值分析法

经验表明,大量错误发生在输入或输出范围的边界值上。所谓边界值,是指输入等价类和输出等价类的边界。例如,许多程序的错误出现在下标、变量、数据结构和循环等的边界附近。因此,设计使程序运行在边界情况附近的测试方案,暴露出错误的可能性更大一些。应选择各等价类的边界数据作为测试用例,或者选择使输出落在各输出类的边界上的输入数据作为测试用例。

使用边界值分析法设计测试用例时,首先应该确定边界情况,这需要一定的经验和创造性,通常输入等价类和输出等价类的边界就是应该着重测试的程序边界。选取的测试数据应该刚好等于、刚刚小于或刚刚大于边界值。也就是说,按照边界值分析法,应该选取刚好等于、稍小于和稍大于等价类边界值的数据作为测试数据,而不是选取每个等价类内的典型值作为测试数据。

例如,若输入值的范围是－1.0～1.0,则可以选择－1.0、1.0、－1.001、1.001 作为测试用例。

3）因果图法

前两种方法的缺点是只单独地检查各个输入条件,并没有检查各个输入条件的组合和输入条件之间的相互制约关系,而因果图法正好解决了这个问题。

因果图法是一种产生测试用例的系统方法,其基本思想是:把输入条件视为“因”,把输出条件视为“果”,把黑盒视为从因到果的逻辑网络图。

4）错误推测法

错误推测法在很大程度上靠直觉和经验进行。有经验的测试人员可凭经验和直觉推测程序中可能存在的各种错误,并根据它们设计测试用例来暴露可能的错误。

例如,排序算法特别需要检查输入表为空表、输入表中只有一个元素、输入表所有元素的值都相同、输入表已排过序等情况。

没有一种方法能提供一组完整的测试用例,以检查程序的全部功能,因而在实际测试中，需要把各种方法结合起来使用。

**2. 白盒测试**

白盒测试又称为逻辑覆盖法，因为它要以程序(模块)内部的逻辑结构作为基础来设计测试用例，主要用于单元测试。几种常用的逻辑覆盖测试方法是：语句覆盖、判定覆盖、条件覆盖、判定/条件覆盖及条件组合覆盖。不同的逻辑覆盖测试方法都是从各自不同的方面出发，为设计测试用例提出依据的。

1) 语句覆盖

语句覆盖是指设计足够的测试数据，使得程序中的每条语句至少被执行一次。这种测试的覆盖能力最弱。

例如，对于下列程序段

```
if(A>1&&B==0)x=x/A;
if(A==2||x>1)x=x+h;
```

选择测试用例(A=2,B=0,x=4)。

每条语句均已覆盖，但两个判定语句只执行了为“真”的情况，对程序逻辑的覆盖很少。

2) 判定覆盖

判定覆盖是指设计足够的测试用例，使得程序中的每个判定为“真”和“假”至少一次。该测试方法的测试能力仍然很弱。

选择测试用例(A=3,B=0,x=1)和(A=2,B=1,x=3)，则两个判定满足判定覆盖，但都为“假”的情况却未执行。

```
if(A>1&&B==0)x=x/A;
if(A==2||x>1)x=x+h;
```

3) 条件覆盖

条件覆盖是指设计足够的测试用例，使得判定的每个条件获得各种可能的值。

有四个条件，即 A>1，B=0，A=2，x>1，应选择测试用例，使得每个条件为“真”和“假”至少一次。

为此设计两组测试用例，即(A=2,B=0,x=4)和(A=1,B=1,x=1)，但这样也未能覆盖所有逻辑通路。

一般情况下，条件覆盖的测试能力比判定覆盖的强，因为它对判定中的每个条件都取两种不同的值。应该注意的是，满足条件覆盖不一定满足判定覆盖。

例如，测试用例(A=1,B=0,x=3)和(A=2,B=1,x=1)满足条件覆盖，但不满足判定覆盖，因为第一个判定为“真”的分支和第二个判定为“假”的分支未被执行过。

4) 判定/条件覆盖

判定/条件覆盖是指设计足够的测试用例，使得每个条件和每个判定取各种值。

可取测试用例(A=2,B=0,x=4)和(A=1,B=1,x=1)。这种测试方法似乎很合理，但实际上，编译程序具体实现判定时却存在问题。如 U and V，当 U 不成立时，V 不再被判定，这样 V 中的错误难以发现。

```
if(A>1&&B==0)x=x/A;
if(A==2||x>1)x=x+h;
```

5) 条件组合覆盖

条件组合覆盖是指设计足够的测试用例，使得每个判定中的条件的各种可能组合都至少被执行一次。

对于第一个判定，有(A>1,B=0)，(A>1,B≠0)，(A≤1,B=0)，(A≤1,B≠0)。

对于第二个判定，有(A=2,x>1)，(A=2,x≤1)，(A≠2,x>1)，(A≠2,x≤1)。

```
if(A>1&&B==0)x=x/A;
if(A==2||x>1)x=x+h;
```

可以设计四组测试用例：(A=2,B=0,x=4)，(A=2,B=1,x=1)，(A=1,B=0,x=2)和(A=1,B=1,x=1)。但是仍然不能覆盖每一条通路，如第一个判定为“真”和第二个判定为“假”的通路未覆盖。

```
if(A>1&&B==0)x=x/A;
if(A==2||x>1)x=x+h;
```

满足条件组合覆盖的测试数据，也一定满足判定覆盖、条件覆盖和判定/条件覆盖。条件组合覆盖是前述几种覆盖中测试能力最强的。但是，满足条件组合覆盖的测试数据并不一定能使程序中的每条路径都执行到。

在实际应用中，常将黑盒测试和白盒测试结合起来进行综合测试。

综合测试的描述如下：

(1) 任何情况下都使用边界值分析法；

(2) 要考虑输入数据和输出数据的边界；

(3) 必要时补充等价类划分法；

(4) 用错误推测法附加一些测试用例；

(5) 对照程序，适当补充测试用例。

总之，软件测试时，以黑盒测试为主，以白盒测试为辅。

## 6.4 程序调试

程序调试是在测试发现错误之后诊断并排除错误的过程。测试是为了尽可能发现错误，但这并不是最终目的，软件工程的根本目标是开发出高质量的、完全符合用户需求的软件产品。因此，在成功完成测试后必须进行程序调试。程序调试的主要任务有两项：一是确定程序中错误的确切性质和位置；二是对程序进行修改，排除错误。

程序调试是一项极其复杂而繁重的脑力劳动，具有很强的技巧性。程序调试人员在分析测试结果时，往往面对的是软件问题的症状，是潜在错误的外部表现，而外部表现与内在原因之间常常没有明显的联系。

目前，程序设计环境中都提供了调试工具，如功能强大的交互式调试环境、断点打印转储和跟踪程序等。

### 6.4.1 程序错误的类型

程序的错误按性质分为三类：语法错误、运行错误和逻辑错误。

**1. 语法错误**

语法错误是指程序中有不符合该程序设计语言语法规则的错误。通常在编译程序将源程序翻译成目标程序时，会清楚地给出这类错误的信息，指出错误的地方和性质。

应该注意的是，有时编译程序指出的某些错误信息是模糊的，不易被理解，一些信息并未准确地说明错误的性质和位置，编译给出的错误信息与应改正的错误并不一定是一一对应的，并且常常会漏掉某个语法错误，所以需要积累经验。

**2. 运行错误**

运行错误是指程序运行期间发生的语义错误。程序的语法错误排除后，仍有可能产生运行错误。

常见的运行错误有：

- 使用了未赋值的变量；
- 子界类型的变量赋值超界；
- 数组下标超出其定义的上、下界；
- 使用无效参数调用标准函数；
- 被 0 除；
- 找不到相应的磁盘文件；
- 类型错误。

**3. 逻辑错误**

逻辑错误是指在程序设计早期由于对问题的不正确理解或算法不正确而引起的错误。这类错误的查找是极其困难的，因为除了程序产生不正确的结果之外，没有其他线索。人工静态调试技术可以帮助查找问题，但极为浪费时间。可以采用动态调试技术查找错误。一个有效的方法是使用打印语句。另外，也可以利用自动工具，如目前程序设计语言中的调试工具——集成调试器，也可获得满意的效果。

### 6.4.2 程序调试的方法

程序调试时可以使用下列调试方法。

**1. 试探法**

程序调试人员分析错误征兆，猜想错误的大致位置，然后使用某些调试技术，获得程序中被怀疑地方附近的信息。

**2. 回溯法**

检查错误征兆，确定最先发现征兆的地方，然后沿程序的控制流往回跟踪程序代码，找出错误的位置。

回溯法对于小程序而言是比较适合的调试方法，往往能把错误范围缩小到一小段代码。但随着程序的扩大，回溯的路径增多，彻底回溯变得不再可能了。

**3. 对半查找法**

如果已知每个变量在程序的若干关键点的正确值，则可以用赋值语句、输入语句或借助于调试工具，在程序的中点附近“注入”这些变量的正确值，然后检查程序输出。

集成调试器在上述方法中是有效的工具，但普遍的调试方法是归纳法和演绎法。

**4. 归纳法**

归纳法就是从个别推断一般的方法。它从错误征兆（线索）出发，通过分析这些征兆的关系而找出故障。归纳法有如下四个步骤。

（1）收集数据：产生错误的数据和不产生错误的数据。

（2）组织数据：必须整理数据，以便发现规律，即什么条件下出现错误，什么条件下不出现错误。

（3）导出假设：分析研究征兆间的关系，力求找出它们之间的规律，从而归纳出关于错误的一个或多个假设。

(4) 证明假设：解释所有原始的测试结果。如果能圆满地解释一切现象，则假设得到证实，否则要么是假设不成立或不完善，要么有多个错误同时存在。

**5. 演绎法**

演绎法是指从一般原理或前提出发，经过删除和精化，从而推导出结论。

调试开始时，先列出所有看来可能成立的原因的假设，然后一个一个地排除，最后证明剩余的原因确实是错误的根源。

演绎法主要按以下四步进行：

(1) 设想可能的原因。根据已有的数据，设想所有可能产生错误的原因。注意，归纳法的假设产生于仔细分析各种数据之后。

(2) 用已有的数据排除不正确的假设。仔细分析已有的数据，力求排除前一步列出的假设。如果余下的假设多于一个，则从可能性最大的那个假设查起；如果所有假设全部排除，则要补充数据，以提出新的假设。

(3) 精化余下的假设。利用已知线索进一步精化余下的假设，使之更加具体化，以便精确地确定错误的位置。

(4) 证明余下的假设。具体做法同归纳法。

归纳法和演绎法以两种不同的方式得到有待证明的错误原因的假设。这些假设都必须对原始测试用例所产生的现象做解释，使假设得到证明。

### 6.4.3 程序调试的原则

程序调试的原则如下。

**1. 确定错误性质和位置的原则**

1) 分析、思考与错误征兆有关的信息

最有效的调试方法是用头脑分析与错误征兆有关的信息。一个能干的调试人员应能做到不使用计算机就能确定大部分错误。

2) 避开死胡同

如果调试人员陷入了绝境，最好暂时把问题抛开，留到第二天去考虑，或者向其他人讲解这个问题，有可能自己会突然发现问题的所在。

3) 避免使用试探法

初学调试的人最常犯的一个错误是想尝试通过修改程序来解决问题，这样成功的机会很小，而且还会把新的错误带到程序中来。

**2. 修改错误的原则**

1) 关注错误群集的地方

经验证明，在出现错误的地方，很可能还有别的错误。因此，在修改一个错误时，还要检查一下它的近邻，看看是否还有别的错误。

2) 不要只修改部分错误

修改错误的一个常见失误是只修改了这个错误的征兆或这个错误的表现，而没有修改错误本身。如果提出的修改方法不能解释与这个错误有关的全部线索，那就表明只修改了错误的一部分。

3) 不要引入新的错误

不仅需要注意不正确的修改，而且还要注意看起来是正确的修改可能会引入新的错误。

因此，在修改了错误之后，必须进行回归测试，以检查是否引入了新的错误。

## 6.5 面向对象测试

测试面向对象软件的方法与测试面向过程的方法基本相同，但也有许多新的特点。对于面向对象系统而言，前面介绍的软件测试的目的、概念和方法等基本上仍然适用，例如逻辑覆盖法、等价类划分法、边界值分析法、错误推测法等。

对面向对象软件的测试有四个层次：算法层、类层、主题层和系统层。

(1) 算法层：对类中定义的每个方法进行测试，基本上同传统软件测试中的单元测试。

(2) 类层：对封装在同一个类中的所有方法与属性之间的相互作用进行测试。在面向对象软件中，类是基本模块，因此可以认为这是面向对象测试所特有的模块(单元)测试。

(3) 主题层：对一组协同工作的类-对象之间的相互作用进行测试，相当于传统软件测试中的子系统测试，但是也有面向对象软件的特点(如对象之间通过发送消息相互作用)。

(4) 系统层：在把各个子系统组装成完整的面向对象系统的过程中进行测试。

面向对象程序中特有的封装、继承和多态性等机制，也给面向对象测试带来了一些新的特点，增加了测试和调试的难度。

面向对象程序中，类封装了属性和方法，其对象彼此之间通过发送消息启动相应的操作。因此，在测试类的实现时，传统的测试方法就不再完全适用，应该从各种可能的启动操作的次序组合中，选出最可能发现属性和操作错误的若干种情况进行测试。

继承和多态性是面向对象程序中实现复用的主要手段，但却给测试带来了难度，对于子类，常常需要展开来测试，还不得不重复原来已经做过的测试。

## 习　　题

6-1　简述软件测试的目的及基本原则。

6-2　黑盒测试和白盒测试有何区别？它们各有哪些具体的测试方法？

6-3　程序错误的类型有哪几种？

6-4　程序调试中可以使用哪些调试方法？

6-5　程序调试的原则是什么？

6-6　面向对象软件的测试有哪几个层次？分别有什么特点？

# 第7章 软件维护



软件维护是软件生命周期的最后一个阶段，它的任务是维护软件的正常运行，不断改进软件的性能和质量，为软件的进一步推广应用和更新替换做积极工作。

软件维护所需的工作量非常大，一般来说，大型软件的维护成本高达开发总成本的四倍左右。目前，软件开发组织把60%以上的工作量用于维护软件上。

## 7.1 软件维护的定义

### 7.1.1 软件维护的原因

通常要求进行软件维护的原因有三种：

(1) 改正在特定使用条件下暴露出来的一些潜在的程序错误或设计缺陷；

(2) 在软件使用过程中数据环境发生变化(如所要处理的数据发生变化)或处理环境发生变化(如硬件或软件操作系统等发生变化)；

(3) 用户和数据处理人员在使用软件时常提出改进现有功能、增加新功能以及改善总体性能的要求，为了满足这些要求，需要修改软件。

### 7.1.2 软件维护的类型

**1. 改正性维护**

交付给用户使用的软件，即使通过了严格的测试，仍可能有一些潜在的错误在用户使用的过程中被发现。诊断和改正错误的过程称为改正性维护。

**2. 适应性维护**

随着计算机的飞速发展，新的硬件系统和外部设备时常更新和升级，一些数据库环境、数据输入/输出方式、数据存储介质等也可能发生改变。为了使软件适应这些环境变化而修改软件的过程叫作适应性维护。

**3. 完善性维护**

在软件投入使用的过程中，用户可能还会有新的功能和性能需求，可能会提出增加新的功能、修改现有功能等要求。为了满足这类要求而进行的维护称为完善性维护。

**4. 预防性维护**

为了改进软件未来的可维护性或可靠性，或者为了给未来的改进奠定更好的基础而进行的修改，称为预防性维护。这种维护活动在实践中比较少见。

在各类维护中，完善性维护占软件维护工作的大部分。据国外的数据统计表明，完善性维护占全部维护活动的50%～66%，改正性维护占17%～21%，适应性维护占18%～25%，其他维护活动占4%左右。

### 7.1.3 软件维护的特点

**1. 非结构化维护**

软件配置的唯一成分是程序代码，维护从评价程序代码开始，对软件结构、数据结构、系统接口、设计约束等常产生误解，不能进行回归测试，维护代价大。

**2. 结构化维护**

有完整的软件配置，维护从评价设计文档开始，确定软件结构、性能和接口特点，先修改设计，然后修改代码，最后进行回归测试。

## 7.2 软件维护的代价

**1. 有形代价与无形代价**

软件维护的代价表现为有形代价和无形代价。

有形代价：软件维护的费用开支。

20 世纪 70 年代，用于软件维护的费用只占软件总预算的 30%～40%，80 年代上升到 60%左右，90 年代许多软件项目的维护经费预算达到了 80%。

无形代价：①当一些看起来合理的要求不能及时满足时，会引起用户的不满；②改动软件可能会引入新的错误，使软件质量下降；③把许多软件工程师调去从事软件维护工作，势必影响软件开发工作。

**2. 软件维护工作量模型**

软件维护的工作量，一部分用于生产性活动，如分析、评价、修改设计，编写程序等；另一部分用于非生产性活动，如理解代码的含义、解释数据结构和接口特点等。

Belady 和 Lehman 提出了一种软件维护工作量模型，即

$$M=P+K\mathrm{e}^{(c-d)}$$

其中：$M$ 为用于软件维护工作的总工作量，$P$ 为生产性工作量，$K$ 为经验常数，$c$ 为因缺乏好的设计和文档而导致软件复杂性的度量，$d$ 为维护人员对软件熟悉程度的度量。

上述模型指出，如果使用了不好的软件开发方法，原来参加软件开发的人员或小组不能参加软件维护，则工作量和成本将按指数级增加。

**3. 软件维护的典型问题**

(1) 如果维护时只有程序代码而没有注释说明，软件维护起来就相当困难。

(2) 由于软件维护所需时间较长，软件开发人员经常流动，所以在进行软件维护时，不可能所有的维护工作都依靠原来的开发人员，这样会使软件维护工作量增加。

(3) 软件没有足够的文档资料，或者程序修改后与文档资料不一致。

(4) 绝大多数的软件在设计时没有考虑将来的修改，所以建议采用功能独立的模块化设计原则，以增加软件的可维护性。

(5) 软件维护被许多人视为一种毫无吸引力的工作，因为软件维护常常遇到挫折。

## 7.3 软件维护过程

**1. 维护组织**

维护组织如图 7-1 所示。

**2. 维护报告**

根据软件问题报告(维护要求)，软件维护报告包含的信息主要有：

(1) 满足维护要求表中提出的要求所需要的工作量；

(2) 维护要求的性质；

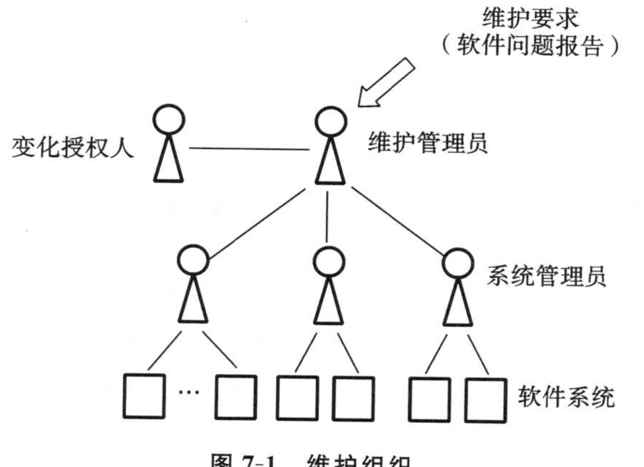

图 7-1 维护组织

(3) 每项要求的优先次序；

(4) 与修改有关的事后数据(如测试数据等)。

### 3. 维护阶段的工作流程

维护阶段的工作流程如图 7-2 所示。

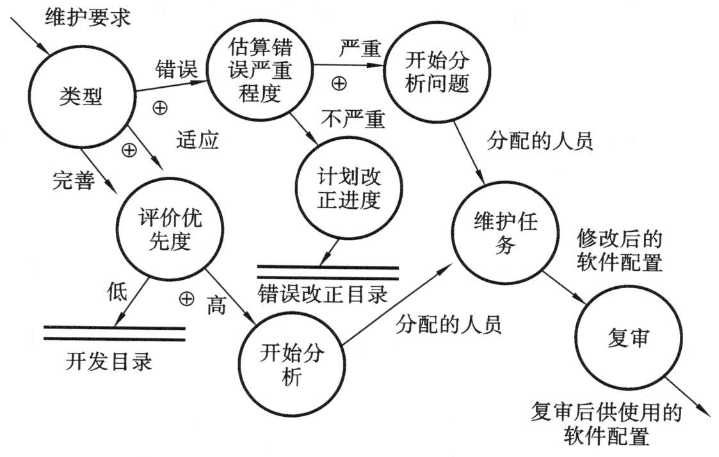

图 7-2 维护阶段的工作流程

### 4. 维护工作的评价

可以从以下几个方面评价维护工作：

(1) 程序每次运行平均失效的次数；

(2) 用于每一类维护工作的总人时数；

(3) 平均每个程序、每种维护类型所做的程序变动数；

(4) 维护过程中增加或删除一个源语句平均花费的人时数；

(5) 维护每种语言平均花费的人时数；

(6) 一张维护要求表的平均周转时间；

(7) 不同维护类型所占的百分比。

## 7.4 软件的可维护性

### 7.4.1 决定软件可维护性的因素

软件的可维护性是指软件维护人员理解、改正和改进软件的难易程度。

一个软件的可维护性主要由如下三个因素决定。

(1) 可理解性。

可理解性表现为用户理解软件的结构、接口、功能和内部过程的难易程度。影响软件可理解性的重要因素有:模块化、结构化设计,详细的设计文档资料、源代码内部文档,良好的程序设计语言等。

(2) 可测试性。

在软件设计开发阶段应该注意尽量把软件设计成容易测试和容易诊断的软件,可用的测试工具和调试工具对测试和诊断非常重要。

(3) 可修改性。

软件的可修改程度与软件设计阶段采用的原则和方法直接相关。例如,模块的耦合、内聚、控制范围、作用范围、局部化程度都直接影响软件的可修改性。

(4) 可移植性。

(5) 可复用性。

决定软件可维护性的最终因素是软件设计阶段所采用的方法,以及软件文档资料的质量。

### 7.4.2 文档

文档包括用户文档和系统文档。

用户文档主要包括功能描述、安装文档、使用手册、参考手册、操作员指南。

### 7.4.3 可维护性复审

测试结束后进行的正式的可维护性复审,称为配置复审,其目的是保证软件配置的所有成分是完整的、一致的和可理解的。

### 7.4.4 影响维护工作量的因素

在软件的维护过程中所花费的大量的工作量会直接影响软件的成本。因此,应当考虑有哪些因素会影响软件维护的工作量,应该采取什么维护策略才能有效地维护软件并控制软件维护的成本。

影响软件维护工作量的因素如下。

(1) 系统大小。系统越大,功能越复杂,理解、掌握起来就越困难,需要的维护工作量就越大。

(2) 程序设计语言。使用功能强的程序设计语言可以控制程序的规模。语言的功能越强,生成程序所需的指令数就越少;语言的功能越弱,实现同样功能所需的语句就越多,程序就越庞大,维护起来就越困难。

(3) 系统年龄。老系统比新系统需要更多的维护工作量。许多老系统在当初并未按照软件工程的要求进行开发，没有文档，或者文档太少，或者在长期的维护中许多地方与程序不一致，维护起来困难较大。

(4) 数据库技术的应用。使用数据库工具，可有效地管理和存储用户程序中的数据，便于修改、扩充报表。数据库技术的使用可以减少软件维护工作量。

(5) 先进的软件开发技术。在软件开发时，如果使用能使软件结构比较稳定的分析与设计技术(如面向对象分析、设计技术)，可以减少一定的软件维护工作量。

(6) 其他因素，如应用的类型、数学模型、任务的难度、if 嵌套深度等，都会对软件维护工作量产生一定的影响。

## 7.5 预防性维护

### 1. 维护旧程序的方法

(1) 尝试反复、多次修改程序。

(2) 先通过仔细分析程序，尽可能多地掌握程序内部工作细节，再有效修改程序。

(3) 用软件工程方法重新设计、编码和测试需要变更的软件部分。

(4) 以软件工程方法为指导，对全部程序重新设计、编码和测试。

### 2. 预防性维护的原因

(1) 对于旧系统而言，维护一行原代码的代价可能是最初开发该行源代码代价的 14～40 倍。

(2) 重新设计软件体系结构(程序和数据结构)、使用最新的设计理念，对将来的软件维护有较大帮助。

(3) 原有旧系统可作为软件原型使用，这样能提高软件开发效率。

## 7.6 软件再工程过程

软件再工程过程模型定义了 6 类活动，如图 7-3 所示。

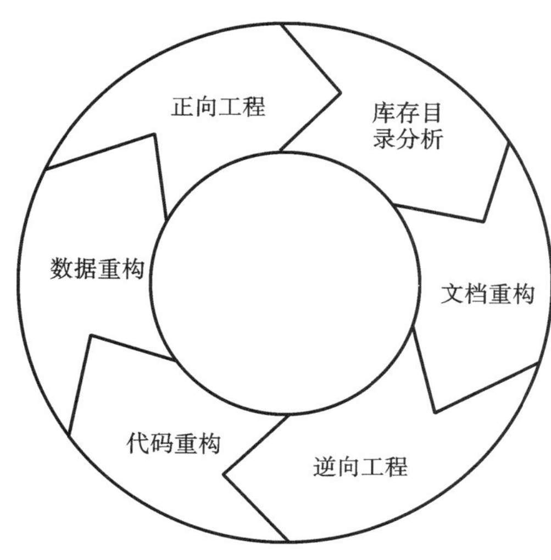


图 7-3 软件再工程过程模型

**1. 库存目录分析**

库存目录包含每个应用系统的信息，如名称、构建日期、修改次数、过去18个月报告的错误、用户数量、文档质量、预期寿命等，从中选出再工程的候选者。

**2. 文档重构**

(1) 如果一个程序走向生命终点，不再经历变化，则保持现状。

(2) 重构只针对当前正在修改的软件部分。

**3. 逆向工程**

逆向工程是一个恢复设计结果的过程，从程序代码中抽取数据结构、体系结构和处理过程的设计信息。

**4. 代码重构**

分析源代码，标注出与结构化程序设计概念不符的部分，重构其代码，测试重构代码并更新代码。

**5. 数据重构**

当数据结构较差时，进行再工程，如将以文件方式保存数据变为以数据库方式存储数据。

**6. 正向工程**

正向工程又称为革新或改造，即应用软件工程的原理、概念、技术和方法来重新开发现有的系统。

## 习　　题

7-1　为什么要进行软件维护？

7-2　列出并描述四种典型的软件维护。

7-3　软件维护的代价表现在哪些方面？

7-4　如何评价软件维护工作？

7-5　决定软件可维护性的因素有哪些？

7-6　如何进行预防性维护？

# 第8章 软件体系结构



随着软件系统规模和复杂性的增加，在软件设计过程中，人们所面临的问题是要解决更难处理的非功能性需求，如系统性能问题、可适应性问题、可靠性问题、可复用性问题等。这就要求软件系统能适应不断发生的变化，这涉及系统的整体性问题。

系统设计的最初阶段，决策系统设计的总原则和确定整个系统的总体框架，能在软件系统的整个生命期中保证系统体系结构可以很方便地进行维护和调整，以适应发生的变化。一个非常重要的概念——软件体系结构，就代表了这种整体性问题。

## 8.1 软件体系结构概述

### 8.1.1 软件体系结构的定义及重要性

**1. 软件体系结构的定义**

简单地说，软件体系结构包括软件系统总体组织和全局控制，通信协议，同步，数据存取，给设计元素分配特定功能，设计元素的组织、规模和性能等。从定义上看，这几个方面都是软件体系结构层次上的设计。

综合各种定义，软件体系结构有如下四个特征：

(1) 是一个高层次上的抽象，并不涉及具体的系统结构(比如是 B/S 还是 C/S)，也不关心具体的实现。

(2) 必须支持系统要求的功能，设计时必须考虑系统的动态行为。

(3) 在设计软件体系结构时，必须考虑与现有系统的兼容性、安全性和可靠性，同时还要考虑系统以后的伸缩性，所以有时必须在多个不同方向的目标中进行决策。

(4) 定义软件部件及部件交互。这里的部件是一个更广泛的概念，一个对象、进程、库、商业产品等都是部件。

体系结构一词用于各种不同的范围，以表示中心处理器单元的指令集、大型软件系统中的最高级别软件模块，或是商业信息技术系统的总体结构。

在某些领域中，体系结构是规定一台计算机或一个网络总体结构、组成及相互间关系的过程与结果，其他组织机构谈到的是购买或得到一个体系结构。体系结构还描述了一个产品系列的共有属性与特性。

当前已经有一些规范化的软件体系结构，比如 ISO 的开放系统互联模型 OSI、X Window 系统、C/S、B/S 等。

发展：高级程序设计语言=>>数据结构+算法=>>软件结构研究=>>抽象数据类型=>>程序簇=>>软件体系结构。

工具：最好是基于 UML 的 CASE 工具。当前比较流行的就是 Rose，它是一个很好的分析和建立对象和对象关系的工具。

**2. 软件体系结构的重要性**

(1) 作为通信手段，可以相互交流、相互理解、统一认识。

(2) 代表了软件设计早期的设计决策，对系统的影响很大。

(3) 可以作为一种变换的模型,对它的复用比代码级复用要好。对软件体系结构的复用,常常要注意部件的组合和装配,应起到组织产品部件、接口和运行的作用。

**3. IEEE 1471 标准**

2000 年,IEEE 计算机协会通过了 IEEE 1471 标准,该标准为准确的体系化描述提供了统一的文件。IEEE 1471 把重点放在软件密集型系统和更通用的系统上,例如信息系统、嵌入式系统、多系统之系统产品设计,以及在软件开发、使用或演变中发挥重要作用的产品系列。

五个核心概念及相互关系为 IEEE 1471 标准提供了基本原则:

- 每个系统具有一个体系结构,但一个体系结构不是一个系统;
- 体系结构与体系结构描述不是同一件事;
- 体系结构标准、描述及开发过程可以不同,并且可以单独地进行研究;
- 体系结构描述本身是多解的;
- 把一个对象的总体概念从其详述中分离出来是撰写体系结构标准的一个有效方法。

1) IEEE 1471 标准最重要的组成部分

(1) 对关键术语的定义。

例如,体系结构描述、结构性视图与视点,对体系结构与体系结构描述在概念上的分离,促进了描述体系结构标准(与蓝图标准相似)和构筑系统标准(与建筑规范或城市规划法规类似)的建立。

(2) 用于描述一个系统体系结构的内容要求。

视图与视点 IEEE 1471 中,视图是一个能描述整个系统的一个方面的模型的集合。一个视图仅应用于一个系统,不能在许多系统上普及。IEEE 1471 标准引用了视点的概念来获得多数系统的通用描述性框架。视点是起草可重复使用、特定域体系结构描述标准的工具。

一个体系结构描述必须为其所包括的每个视图定义视点,这个概念与许多软件领域中的实际情况相一致。在这些软件领域中,视点为特定的用户定义了描述标准,例如国际标准化组织的"开放式分布处理程序的参考模型"。

2) IEEE 1471 标准对体系结构描述的要求

(1) 一个体系结构描述必须规定系统的用户,确定系统体系结构的要点。

需要熟知的要点为:

功能性:该系统需要去做些什么?

性能:在重度负载下系统将如何运转?

安全性:系统有足够保护用户信息的能力吗?

可行性:可以实现该系统吗?

(2) 一个体系结构必须被编入一个或多个系统的体系结构视图中。

一个视图不仅仅是一个系统的任意展示,而且它还必须说出不同用户的需求,并且其构成必须恰到好处。为了提供一个最低限度的完整方案,至少有一个视图必须说出被确定用户的体系结构要点。

(3) 必须为制定关键的结构性决策提供基本原则。

### 8.1.2 体系结构的类型

有四种不同的体系结构:代码结构、模块结构、执行结构和概念结构。

**1. 代码结构**

代码结构主要包括软件的配置管理、系统建造等，它受语言、工具、环境和外部子系统等因素的影响。

**2. 模块结构**

模块结构包括模块界面、模块管理、模块控制和一致性等内容，它主要受软件的设计原则、组织结构和软件技术的影响。

**3. 执行结构**

执行结构包括性能分析、调度分析、动态配置和不同的执行系统之间的接口等，它主要受硬件体系结构、运行环境、性能和通信机制等因素的影响。

**4. 概念结构**

概念结构包括部件、互联、原则和性能等，影响它的主要因素为体系结构。

常用的软件体系结构的实例如下。

（1）基于客户/服务器模型的软件体系结构，该体系结构使用本地的和远程的过程调用来实现应用程序和服务器之间的通信。

（2）一种分布式的、面向对象的方法来实现的信息管理。

（3）一种高效的编译方法，即将程序的源代码分成不相关的若干段，然后用多个进程并行地处理这些段，最后再把它们合并成一个完整的程序。

（4）ISO 的开放式系统互联参考模型（OSI）、NIST/ECMA 参考模型（一种基于层次结构的通用软件工程环境体系结构）等。

### 8.1.3 体系结构不匹配的问题

基于部件的开发方法隐含着部件之间需要互联的问题，但部件往往是在体系结构的约束下进行开发的，不同的软件体系结构下的部件在互联时会发生冲突或不匹配。

可以归纳出四类导致体系结构不匹配的假设，理解这些假设有助于更好地理解体系结构的不匹配是如何产生的。

**1. 部件的本质**

有关部件的本质一类的假设主要包括构造部件的基础、哪些部件控制整个计算次序以及部件处理数据的方式等。根据它们的不同特性，可以将部件的本质细分成三个子类，即总体结构、控制模式和数据模式。

总体结构：部件提供了一个系统所需的基本功能和操作，这些部件构成了一个系统的基本框架，但应用时常出现冗余。

控制模式：当将几个已有的系统一起纳入一个新的系统中时，重要的问题是把哪个进程作为控制整个系统的主进程；或者需要再设计一个主进程，但这样往往会带来很大的工作量。

数据模式：在一些软件包中，同时还为它们要处理的数据定义了一些特殊的属性，但这种方式对应用不一定可行。

**2. 连接的本质**

连接的本质主要包括两类：协议和数据模式。

协议，即连接的交互特性，应用系统中用到的连接方式不同时，需要协调。

数据模式，即通信过程中交换的数据类型，在一些软件包中限定了交互过程中传递数据的种类。

例如，在一个应用系统中用到两种通信方式，但它们定义的数据类型不同，这样就不得不开发一个数据转换程序来统一这两种不同的参数。

**3. 全局体系结构**

全局体系结构主要是指整个系统的拓扑结构和是否有一些特殊的部件和连接。

例如，一个系统采用的是以数据库为通信中心的星形体系结构，并且它的所有工具都是独立的，任意两个工具之间都没有直接的交互，当两个或两个以上工具的操作并发时，就认为是冲突。为了避免冲突，采用了一种阻止事务的技术。

**4. 构造过程**

一个系统的代码可以分成三类：①不可改变的系统基本部件；②软件包的基本代码，它使用了一些基本部件，而且是用通用的编程语言实现的，并且是独立的；③为复用的目标编写的与其他程序的一些接口，它们的功能是控制和集成。

一般来说，应当按自上而下的顺序构造系统代码，但在应用系统中增加来自其他软件包的代码时，将非常困难。

## 8.2 软件体系结构的描述语言

**1. 体系结构形式化描述的意义**

体系结构的设计将直接影响到一个软件系统的质量。体系结构在理解系统的过程中起着重要作用，它是在高抽象层次上对系统的一种描述，给出了在系统层次上系统的基本结构，方便设计者和用户交流。因此，形式化、规范化的体系结构描述对于体系结构的设计和理解都是非常重要的。

**2. 体系结构模型及其描述语言**

体系结构模型可以说是整个体系结构的基础，尽管目前还没有关于软件体系结构的一种被普遍接受的分类准则。

一般来说，可以按照讨论体系结构的目的，将体系结构模型分成以下五种类型。

1）结构化模型

结构化模型是最常见的体系结构模型，它将整个体系结构看成是一系列部件连接以及其他一些成员的结构化组合。这些其他成员主要是指系统的结构轮廓、限制条件、风格、属性、分析、需求等。结构化模型是被大多数体系结构描述语言所支持的模型。

2）框架模型

框架模型类似于结构化模型，但它把描述的重点放在系统的整体一致性上，而不是一些结构化的细节。框架模型更多地被用于简化某一个特定领域的系统设计。

3）动态模型

动态模型是结构化模型和框架模型的补充，它主要描述系统的一些粗粒度的行为特性，如系统的重构模型和系统的发展演进等。动态指的是系统总体框架的改变，包括建立和采用预先设定的系统的演进路线等。

4）进程模型

进程模型是一种构造性的、可操作的、命令式的模型，它主要将注意力集中在系统的构造过程上，即如何按照一定的步骤来描述一个系统的构造过程。

5）功能模型

功能模型可以看成是框架模型的一种特例，它将系统看成是一种具有某种功能的部件的集合，这些部件按一定的规则分成若干层，每一层向在其上面的层次提供服务。

**3. 体系结构描述语言**

当前有很多体系结构描述语言可以描述以上几种体系结构模型。

支持体系结构描述的系统通常都提供图形化的接口，以便设计者能够用图形的方式来描述一个系统，从而增加系统的可理解性。目前支持体系结构描述的系统主要有 Aesop、Artek、Darwin、Rapide、Unicon 和 Wright 等。这些系统按通用性划分成以下三类。

1）体系结构实例

体系结构实例是为描述一些专门的系统而设计的，它们所要回答的问题是"这个系统的体系结构是什么?"，Artek、Rapide 和 Unicon 属于这一类系统。

2）体系结构风格

体系结构风格用来描述体系结构的模式、结构等。该类系统中包含有描述不同体系结构风格的符号集，它们能够告诉用户某个系统使用的是什么体系结构组织模式，或者某个体系结构风格包含什么意义，Aesop 属于这一类系统。

3）更广泛意义上的体系结构

希望揭示更多的体系结构的本质，并且从某种程度上给出对系统的体系结构进行分析的方法。为了使这些体系结构描述语言系统更好地支持体系结构设计，它们必须提供更加丰富的内容，例如更直接地支持设计者们常用的体系结构等。

**4. 一种可交换的体系结构描述语言——ACME**

1）ACME 的基本原理

一个语言设计要反映它的目标：①为体系结构设计工具和环境提供可交换的形式化描述格式；②提供对体系结构进行分析和可视化描述的方法和符号体系；③为开发一个新的体系结构描述语言，或者一个应用于专门领域的体系结构语言提供基础；④在传统的体系结构信息和标准化的体系结构信息之间提供一个桥梁。

标准化与多样性之间的协调方法如下。

(1) 选择同一种语言。

选择同一种语言作为唯一的体系结构描述语言，并且今后所有的工具都以此语言为基础进行开发。

(2) 设计一种统一的语言。

所设计的语言包含当前所使用的各种语言的所有特点，使任何用户都可以轻易地用这种语言完成所需的描述。

(3) 设计一种"中介"语言。

设计一种能在各种语言之间进行信息交互和转换的语言。

由于当前体系结构描述语言的多样性及其之间的不兼容性，要达到上述要求是不太可能的。ACME 则提供了一种综合方法来达到上述要求。

ACME 综合了多种体系结构描述语言方法，提供了一套固定的描述基本体系结构的符号集，同时提供了一种开放式的附加信息的描述，使用户可以使用某个特定的描述体系结构语言的附加信息描述方法，使得用不同的体系结构描述语言描述的系统可以共享一个基本体系结构内核，从而达到不同的体系结构描述语言之间的共享目的。同时通过开放式的附加信息描述，ACME能兼容不同的体系结构描述语言。

2) ACME的基本体系结构元素

ACME的基本体系结构元素有七种，即部件、连接、系统、端口、角色、表示和表示图，如图8-1所示，其中前三种元素是最基本的。

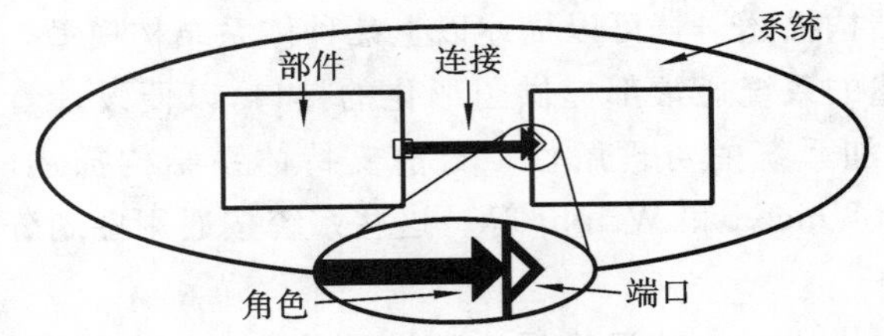


图 8-1 ACME的基本体系结构元素

(1) 部件。

部件表示系统中主要的可计算单元和数据存储。常用矩形框来表示部件。常见的部件有服务方、客户方、过滤器、对象、黑板和数据库等。

(2) 连接。

连接表示部件之间的交互，代表了部件之间的通信和协调活动。一般用矩形框之间的连线来代表连接。简单的连接如管道、过程调用和事件广播，复杂的连接则如客户-服务器协议和数据库-应用程序之间的SQL命令等。

(3) 系统。

系统表示部件和连接所组成的结构。

(4) 端口。

部件的接口由一组端口来定义，每个端口表示一个部件和系统之间的一个交互点。一个部件可以有几种不同类型的端口，一个端口可以只是过程签名，也可以是一组按一定次序发生的过程调用。

(5) 角色。

连接的接口由一组角色来定义，每一个角色定义整个交互过程的一个参与者。例如：一个远程过程调用RPC可以有调用方(caller)和被调用方(callee)两个角色；还有一些连接可能有两个以上的角色，如一个广播事件连接就可以有一个事件发生者和多个事件接收者。

(6) 表示。

ACME支持对体系结构的等级层次描述。任何一个连接或者部件都可以用一个或多个更详细的低层次的元素来描述。在ACME中，把这种描述称为表示(representation)。通过多层次的描述，可以得到不同抽象层次的体系结构视图，从而可以在不同的抽象层次上对系统进行分析。

(7) 表示图。

表示图(representation map)指的是体系结构中表示内部的部件和连接与外部的部件和连接之间的关系。例如，表示图可以描述内部端口和外部端口之间的联系。

3) ACME的属性

上述七种基本体系结构元素足以描述一个系统，但还需要附加信息来说明体系结构的另一些特性，如部件之间的交互数据类型、交互协议等。

ACME提供了一种属性描述方法，以兼容其他体系结构描述语言的描述符号和方法。属性包含属性名称、类型和属性值。属性用来描述任何一种体系结构的基本元素，但不对属性的值做解释。

ACME 预定义了一些简单的类型，如整数、字符串和布尔变量等，其他类型由工具解释。这些工具通过属性的名称和类型来决定是否对这个属性进行处理。

下面的程序描述了一个具有若干属性的客户/服务器。

```
System simple_cs={
  Component Client={
    Port send-request;
    Properties{
      Aesop-style:style-id=client-server;  //兼容
      Unicon-style:style-id=cs;
      Source-code:external="CODE-LIB/client.c"
    } }
  Component server={
    Port receive-request;
    Properties {
      idempotence:boolean=true;
      max-concurrent-clients:integer=1;
      source-code:external="CODE-LIB/server.c"
    } }
……
```

4) ACME 的模板和风格定义

为解决体系结构部件复用的问题，ACME 提供了一种模板技术。

模板是指一种定义成类型的、带有参数的体系结构模式，它可被赋予不同的参数。模板是一种非常灵活的描述类型，预留了加入新的声明的空间，同时它还可以定义部件、连接以及连接关系。多个模板还可以形成一个体系结构风格。

体系结构风格是指由一组相关模板构成的具有相似体系结构表述的系统的集合。体系结构风格提供了一种在体系结构设计中对一些常用体系结构框架和部件进行复用的机制。

5) ACME 的开放式语义框架

ACME 通过开放式语义框架，使其他体系结构描述语言能够通过属性的方式给一些基本的体系结构元素标注一些附加信息。

开放式语义框架提供了体系结构语言的结构化因素和基于关系及限制的形式化描述的直接对应。在这种框架中，ACME 的规格说明代表了一种语义，叫作处方(prescription)。这种语义可以通过逻辑推导得出，或者通过与所要实现的实际系统相比较而得到。

## 8.3 体系结构风格

体系结构设计的一个特点就是用惯用的模式(称为体系结构风格)来组织系统。这些模式中的许多模式已经过多年的发展，并且是设计人员承认的某种特定组织原则和某类软件特有结构。

体系结构风格的四个要素如下。

(1) 一个词汇表：包括与设计元素有关的部件、连接器类型，如管道过滤器、客户/服务器、语法解释器、数据库等。

(2) 一套配置规则或系统的拓扑限制：用来明确这些元素的合法组成方式，如客户/服务器组织的多对一的关系。

(3) 一套语义解释原则:使设计元素的组成可以适当地约束于配置规则中。

(4) 可以对基于该风格建立的系统进行分析,如分析客户/服务器的实时处理过程和死锁检测的可调度性,另外还可产生代码。

对于软件体系结构风格,主要观察它们之间的共同框架:软件部件及其相互关系,或一组计算部件、连接器和组合的约束条件。

从图示角度,就是观察图的结点(部件)和弧(连接)。

在软件系统中,连接可以表示过程调用、事件传播、数据库查询或管道。

以一个例子说明各种体系结构。

KWIC(key word in context)问题的描述:对正文中的字符(串)进行处理,包括 insert、delete、getchar、putchar、字母表排序等。

**1. 管道和过滤器**(pipes and filters)

每个部件拥有一套输入和一套输出。每个部件从输入端读入数据流,并在输出端输出数据流。这里应用了一个内部加工机制,加工输入数据并进行运算,所以输出在输入结束之前就可以开始。

组件被称为过滤器。连接器就像是流体管道,把一个组件的输出输送到另一个组件的输入端。因此,连接器也被称为管道。管道和过滤器如图 8-2 所示。

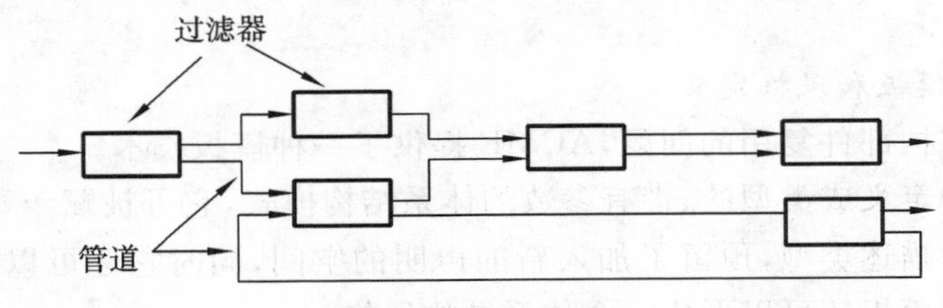


**图 8-2　管道和过滤器**

管道-过滤器结构的实例如下。

Unix 解释程序(Shell)里编写的程序。Unix 通过提供连接组件的符号(被描述为 Unix 加工)和为实现管道提供实时机制来支持这种风格。

传统的编译器可看作是一个流水线系统。流水线的进程包括词法分析、语法分析、语义分析和代码生成。

此外,在信号处理、并行处理程序、功能设计和分布式系统等领域都可见到管道-过滤器结构。

管道-过滤器结构的优点如下。

(1) 降低了复杂性。允许设计者将一个系统的输入/输出行为理解为各自独立的过滤器行为的简单组合。

(2) 支持体系结构的复用。任何两个过滤器可以在双方认同的传送数据格式的基础上连接在一起,作为一个整体。

(3) 系统易于维护和增强功能。新的过滤器可以加到现有的系统上,旧的过滤器也可以被改进的过滤器所替换。

(4) 允许某种形式的分析,比如吞吐量和死锁的分析。

(5) 自然地支持进程的并发执行。每一个过滤器可以实现一项单独的任务,并和其他的过滤器并行执行。

管道-过滤器结构的缺点如下。

(1) 容易导致组织处理的批处理理化。虽然过滤器可以逐步处理数据,但它们本身是独立的,所以当提供一个完整的输入/输出数据关系时,设计者必须考虑每一个过滤器。特别是因为管道-过滤器结构传送数据的特性,该结构不能很好地用于交互式应用。

(2) 当两个分离但有关系的数据流需要维护或响应时,会妨碍系统的设计。

(3) 根据实现进程,系统可能要在数据传输上强制执行一种最低的标准,这增加了在每个过滤器上分析和编码的额外工作,降低了性能,增加了复杂性。

**2. 数据抽象和面向对象组织**(data abstraction and object-oriented organization)

数据的描述和相关的操作被封装在ADT或者对象中,其中组件是对象或称为ADT的实体。对象之间通过函数和进程激励实现交互。该风格有两个重要方面需要注意:①一个对象必须保证它的数据描述的完整性(通常采用保留一些不变量的方法);②数据描述对于其他对象来说是隐蔽的。

数据抽象和面向对象组织的缺点是:一个对象如果要和另一个对象交互,就必须知道对方的标识;在面向对象系统中,一旦一个对象的标识做了修改,则其他调用它的对象就必须做相应的修改。

**3. 基于事件的隐式调用**(event-based implicit invocation)

在传统方式中,部件通过接口进行显式调用,以实现部件间的相互作用。现在人们将更多的注意力放在可替换集成技术(包括隐式调用、被动集成和选择广播)上。这种风格来源于后台驻留程序和分组交换网络等系统。

隐式调用的基本思想是:一个组件可以声明(或广播)一个或多个事件,而不是直接调用过程。别的组件可以在系统中注册一个与已声明事件相关联的子程序,而系统本身调用这些子程序,这样一个事件的隐式声明可以导致对其他模块里的子程序的调用。

隐式调用的优点是提供了对复用的强大支持。任何组件都可以加入一个系统中,只需在系统事件中注册即可。同时隐式调用使系统更新变得简单,组件可以被其他组件替代而不影响系统中的其他组件的接口。

隐式调用最主要的问题是组件放弃了对计算的控制。当一个组件声明一个事件时,并不能知道别的组件将会对它做出何种响应。此外,即使这个组件知道了别的组件对它声明的事件感兴趣,但它也不能完全信赖它们调用的顺序。

隐式调用的第二个问题是关于数据交换。有时数据可能通过事件传递,但在其他情况下,事件系统必须依赖一个为交互而设的共享数据仓库。在这种情况下,整体性能和资源管理成为有争议的问题。

隐式调用的另一个问题是关于正确性的推理可能无法保证,因为声明事件的子程序的意图取决于调用它的环境。

**4. 分层系统**(layered systems)

分层系统(见图8-3)采用层次化的组织方法,每一层向上层提供服务,并利用下层的服务。

分层系统中,内部层次全部被隐藏,只有外部层次和一部分功能可被外部所见(部分透明)。层次与层次之间是通过交互协议连接的,如分层通信协议OSI、操作系统等。

分层系统的优点如下。

第一,支持基于不断递增的抽象层系统的设计,允许把一个复杂的问题分为一系列顺序

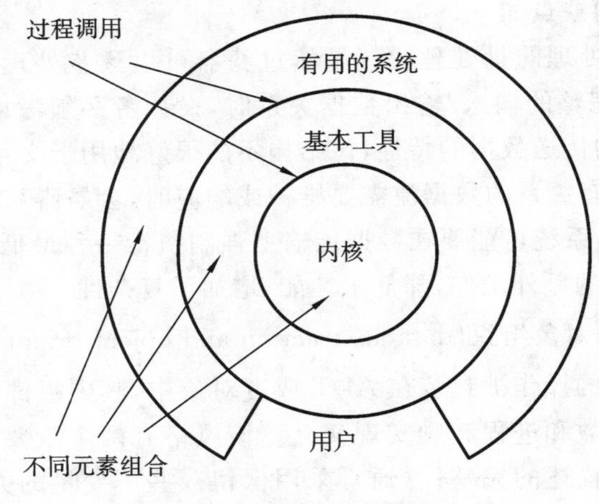


图 8-3　分层系统

的小问题来实现。

第二,支持功能增强。就像流水线结构那样,每一层至多只和上、下层交互,功能改变至多影响到相邻的两个层。

第三,支持复用。与抽象数据类型一样,分层系统允许相同层的不同实现可以交替使用,以便为邻近的层提供相同的接口。典型的例子是 ISO 的 OSI 模型和一些 X Window 系统的协议。

分层系统的缺点是:不是所有的系统可以很容易地构建分层模型,即使一个系统的逻辑结构是分层的;出于性能方面的考虑,可能需要高层功能和低层实现部分更紧密的耦合。

另外,抽象出一个合适的层不是一件容易的事。比如,在将现有的协议映射到 ISO 的 OSI 框架中很困难,因为那些协议跨越了几个层。

**5. 仓库(repositories)系统及知识库**

在仓库系统体系结构中存在两种系统部件:

(1) 表示当前状态的中心数据结构;

(2) 一组相互独立的处理中心数据的部件。

若当前中心数据结构是选择执行进程的主要触发因素,则称这样的仓库系统为黑板系统,如松耦合代理共享数据、共享存取。黑板系统如图 8-4 所示。

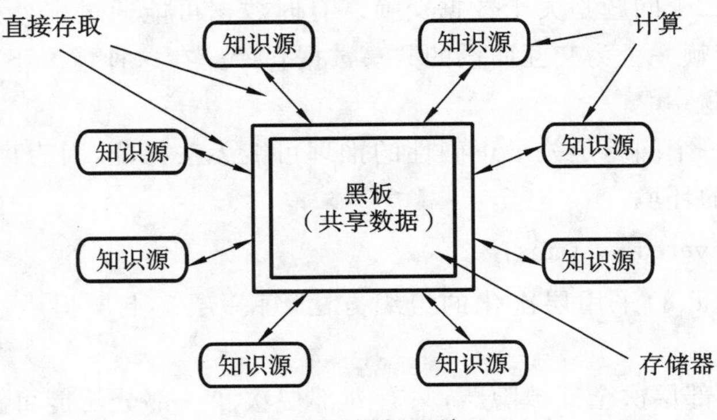


图 8-4　黑板系统

黑板系统由三部分组成:知识源、数据结构和控制。

知识源:独立的、分离的、与应用程序相关的知识。知识源之间的交互通过黑板完成。

数据结构：按照与应用程序相关的层次来组织的解决问题的数据。知识源不断地改变黑板，以此来解决问题。

控制：黑板系统中没有部件的显式表示，控制完全由黑板的状态驱动。黑板状态的改变决定了需要使用的特定知识。

黑板系统传统上用于需要复杂的信号处理解释的程序中，如语音与模式识别；同时它也出现在那些包括所有松耦合数据共享存取的系统中。

**6. 表格驱动的解释器**(table driver interpreters)

在一个解释器的组织结构中，软件生成一个虚拟机。一个解释程序包括被解释的伪程序和解释引擎。

被解释的伪程序包括程序本身和解释器对运行状态的分析(活动记录)。解释引擎包括解释器的定义和当前运行的状态。

解释器主要由四个部件组成：一个解释引擎、一个用来存放要解释的伪代码的存储器、对解释引擎控制状态进行描述的部件和对被模拟程序当前状态进行描述的部件。

**7. 过程控制**(process control)

过程控制体系结构是建立在过程控制回路上的。通过对输入和中间结果的操作，许多连续的过程把输入转变为特定的输出。

(1) 过程变量：系统状态可测量特性的变量。

输入、中间结果和操作的特性也可用其他过程变量来描述。注意：过程变量不要和程序变量相混淆。

(2) 受控变量：决定输出的过程变量。

(3) 输入变量：度量输入的过程变量。

(4) 操作变量：过程变量中可以被控制器改变的变量。

操作变量和那些可被控制系统改变的量相联系，从而调节这个过程。

(5) 设定值：受控变量的参考值。

(6) 控制系统：使过程输出量的某些特定属性值维持在给定的参考值(设置点)内。控制系统有两类——开环系统和闭环系统。

①开环系统：过程变量没有用于系统调节的系统。

②闭环系统：过程变量的信息用于操作另一个过程变量，以便操作和控制系统的系统，如恒温系统(空调)。

闭环系统有两种控制形式：反馈控制和前馈控制。

• 反馈控制：通过对受控变量的测量来实现对整个过程的控制。

• 前馈控制：一些过程变量有规律，更能反映当前状况，对这些过程变量进行测量，无须等待受控变量控制，就可以弥补预期的干扰。

**8. 其他类型的体系结构**

(1) 分布式处理：具有明显的拓扑结构方面的特色，如环形、星形等结构。

(2) Client/Server 模型：分布式系统中最常用的体系结构，服务器代表一个进程，提供服务，客户机通过远程调用访问服务器。

(3) 主程序/子程序结构：主程序是子程序的调用者，提供一个控制循环，以某种策略安排子程序的执行。

# 习　　题

8-1　什么是软件体系结构？软件体系结构的重要性体现在哪些方面？

8-2　哪些因素导致了软件体系结构不匹配？软件体系结构不匹配是如何产生的？

8-3　体系结构模型分为哪几种？

8-4　ACME 的基本体系结构元素包括哪些？

8-5　体系结构风格的四个要素是什么？

8-6　管道-过滤器结构有什么缺点？

8-7　隐式调用的基本思想是什么？它有什么优缺点？

# 第9章 面向对象开发中的设计模式



## 9.1 设计模式概述

### 1. 设计模式的定义

简单地说，设计模式就是一些设计面向对象软件的经验总结，它是系统地命名、解释和评价某个重要的可重现的面向对象的设计方案。同样，在面向对象软件设计中，也有许多模式可以套用，以提高设计效率。

设计模式的定义(普遍认可的)：从某个具体的形式中得到的一种抽象，在特殊的非任意性的环境中，该形式不断地重复出现。

在进行面向对象软件开发时，一方面要注意总结，将成功的设计记录成"设计模式"，另一方面要利用成功的设计模式。

应该注意的是，并不是一个解、一个算法、好的习惯等都能构成一个模式。只有具备了构成模式的所有要素，且经过理论分析被证明是一个可重复的现象，又在实践中证明过的"优秀模板"，才可称为模式。在未证明之前，只能称之为原模式。

好的设计模式必须满足以下要求：

(1) 解决了一个问题：从模式可以得到解，而不仅仅是抽象的原则或策略。

(2) 是一个被证明了的概念：模式通过一个记录得到解，而不是通过理论或推测得到解。

(3) 解并非显而易见的：许多解决问题的方法(比如软件设计范例或方法)是从最基本的原理得到解的，而最好的模式以非直接的方式得到解，对于大多数比较困难的设计问题来说，这是必要的。

(4) 描述了一种关系：模式并不仅仅描述模块，它给出了更深层的系统结构和机理。

(5) 有重要的人为因素：所有的软件服务于人类的舒适或生活质量，而最好的模式追求它的实用性。

### 2. 设计模式的四个基本要素

设计模式的四个基本要素是：模式名称、问题、解决方案和后果。

(1) 模式名称：通常用来描述一个设计问题、解法和后果，由一到两个词描述。模式名称可以在更高的抽象层次上进行设计并交流设计思想。

(2) 问题：描述模式使用的时间、条件，解释问题及其背景。它可能描述诸如如何将一个算法表示成一个对象这样的特殊设计问题。

(3) 解决方案：描述设计的基本组成要素，如它们的关系、各自的任务以及相互之间的合作，它并非针对某个特殊问题。设计模式提供有关设计问题的一个抽象描述以及如何安排这些基本要素，以解决问题。

(4) 后果：描述应用设计模式后的结果和利弊。对于软件设计来说，通常要考虑的是空间和时间的权衡，还有语言问题和实现问题。对于面向对象设计，可复用性很重要。此外，后果还包括对系统灵活性、可扩充性及可移植性的影响。

设计模式具体用十三个组成部分描述：模式名称和分类、目的、别名、动机、应用、结构、成分、合作、后果、实现、历程代码、已知应用、相关模式。

能有效使用设计模式的三类软件是：应用系统、工具包和框架。

(1) 应用系统。

设计应用系统时，要考虑内部复用、维护性和扩展性。使用设计模式后减少了依赖性，增加了内部复用；减少了平台依赖，增强了维护性。设计模式显示了类的继承关系，容易扩展。

(2) 工具包。

预先定义的类可以称为工具包。设计模式也适合开发工具包。

(3) 框架。

框架是指一个特定的领域中的一组相互协作的类。框架规定了应用系统的总体结构、类以及对象的划分和对象的合作等。

## 9.2 四种设计模式

### 9.2.1 Coad 模式

Peter Coad 于 1992 年发表了关于设计模式的第一篇文章《面向对象模式》。他从 MVC (model/view/controller) 角度讨论了面向对象系统。

Coad 从三个方面描述了一种设计模式：

- 模式所解决问题的简要介绍和讨论；
- 模式的非形式文本描述以及图形表示；
- 模式的使用方针，即在何时使用、能与哪些模式结合使用。

可以将 Coad 的设计模式分为以下三种。

**1. 基本的继承和交互模式**

该模式包括面向对象编程语言所提供的基本建模功能，例如继承模式(子类可以补充或修改父类)、抽象类。交互模式描述在有多于两个类的情况下消息的传递。

**2. 构造面向对象软件系统的模式**

Coad 的大多数模式属于该类型，它是用一组类来支持面向对象软件系统的构建的。构造面向对象软件系统的模式主要分为以下三种。

(1) 条目描述的模式。

该模式的目的是将一个类 item 的实例变量放入一个单独的类 item descriptor 中。优点在于 item descriptor 对象的变化能影响所有相关的 item 对象。条目描述的模式如图 9-1 所示。



(2) 为角色变动服务的模式。

Coad 用类比的方式来说明这种模式的特征。“一个演员(对象)戴着不同的帽子，扮演不同的角色。”类 player 的一个实例每次指向类 role 的一个对象。role 对象是可变的。为角色变动服务的模式如图 9-2 所示。

(3) 处理对象集合的模式。

在许多情况下，作为元素的对象，可以被一个上层的对象所组织和管理。例如，文件夹里可以包含许多的文件。这一类集合的例子代表了一种通用模式：类 container 的实例中包含任意个 member 对象的引用。

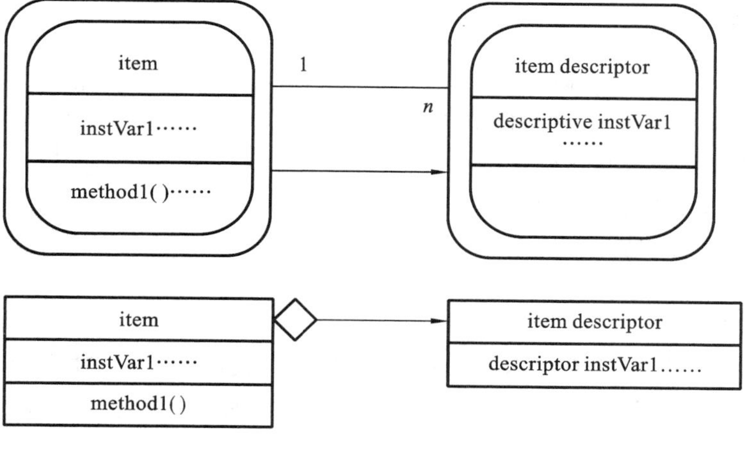


图 9-1 条目描述的模式

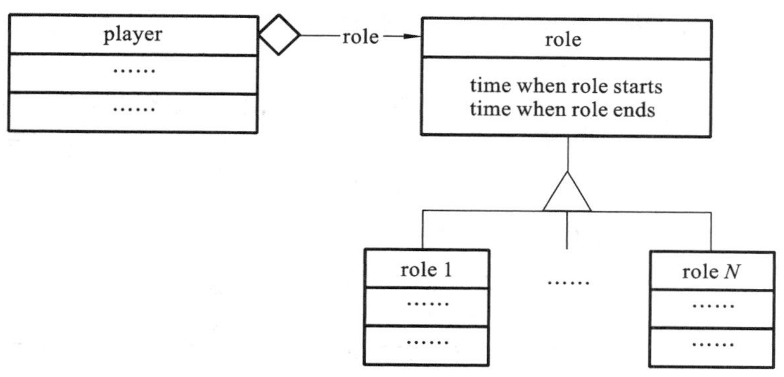


图 9-2 为角色变动服务的模式

### 3. 与 MVC 框架相关的模式

MVC 框架代表了由模型、视图和控制器三个部件组成的 GUI 应用程序。控制器处理输入事件。每一个视图都有一个相关的控制器。视图将模型显示在显示器上。多个视图可以用不同的方式来显示模型中的数据。模型中存放应用程序的相关数据。一个模型有一个或多个视图/控制器对。视图和控制器可以访问和改变模型中的数据，而模型不能访问控制器和视图。模型/视图/控制器如图 9-3 所示。

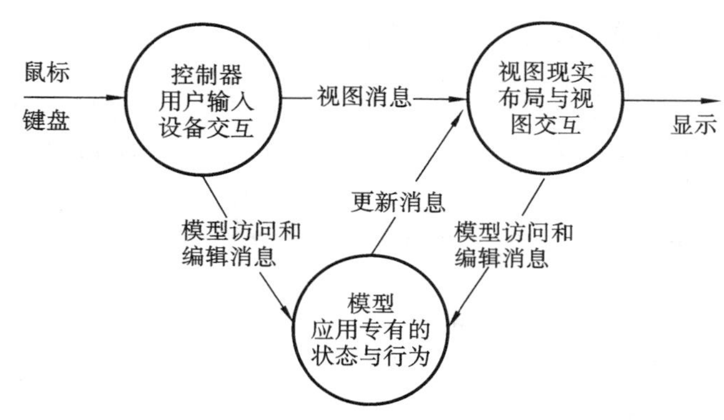


图 9-3 模型/视图/控制器

### 9.2.2 代码模式

代码模式的抽象方式与面向对象语言中的代码规范相似，主要解决某种面向对象语言中的特定问题。代码模式的主要目标是：

- 指明结合基本语言概念的可用方式；
- 构成源代码结构与命名规范的基础；
- 避免面向对象编程语言的缺陷。

### 9.2.3 框架应用模式

应用程序框架“菜谱”中有很多“菜谱条”，它们用不太规范的方式描述了如何用框架来解决特定问题。“菜谱条”通常不讲解框架的内部设计实现，只讲如何使用。

### 9.2.4 形式合约

形式合约是一种描述框架设计的方法，它强调组成框架的对象间的交互关系。形式合约的特点如下。

(1) 符号少且能映射到面向对象编程语言中的概念，如参与者映射到对象。

(2) 考虑到了复杂行为由简单行为组成的事实，合约的修订和扩充操作使得合约更灵活，易于应用。

由 MVC 框架派生得来的 Publisher/Subscriber 模式如图 9-4 所示。

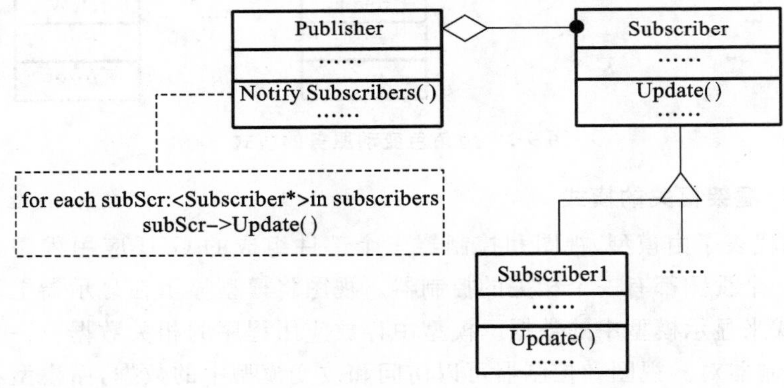


图 9-4 由 MVC 框架派生得来的 Publisher/Subscriber 模式

Publisher/Subscriber 的形式合约程序如下。

```
contract PublisherSubscriber
  Publisher supports
  [ NotifySubscriber()=>< ||s:s∈Subscriber:s->Update()>
    AttachSubscriber(s:Subscriber)=>{s∈Subscriber}
    DetachSubscriber(s:Subscriber)=>{s ∉Subscriber}
  ]
  Subscribers:Set(Subscriber)
    where each Subscriber Supports
    [ Update()=>
    ]
  contract invariant
```

```
    contract establishment< ||s:s∈ Subscriber:
        < Publisher->AttachSubscriber(s)>>
    end contract
```

形式合约的基本元素如下。

(1) 参与者:形式合约的第一个组成部分。对于每个参与者,要规定它应承担的责任。

(2) 类型责任:与实例变量和方法有关的责任。

(3) 因果责任:描述与类型责任相关的操作与条件。

图 9-4 中,参与者是 Publisher、Subscribers。Publisher 的类型责任是 NotifySubscriber( )、AttachSubscriber( )和 DetachSubscriber( ),因果责任是符号"=>"后的说明。

"->":表示方法调用。如 s->Update()表示对 Subscribers 中的方法 Update()的调用。

"Δv":表示对实例变量 v 赋值。

"<o v:c:e>":表示用操作符 o 将所有满足条件 c 的变量 v 所构成的表达式 e 连接起来。如<|| s:s∈Subscriber:s->Update( )>意味着 s1->Update()||s2->Update()||...,即对 Subscriber 集合中的所有对象发送 Update( )消息。

"{ }":表示参与者必须满足的条件的说明。如 AttachSubscriber(s:Subscriber)=>{s∈ Subscriber} 表示一个条件,s 是 Subscriber 集合的成员,在以 s 为参数执行 AttachSubscriber 后必须为真。

合约的修订:可以通过修订和扩充合约来提高复用性。合约的修订允许增加参与者、类型责任和不变量。例如,将 Publisher/ Subscriber 合约修订,以表达 MVC 框架中模型和视图的关系。

ModelView 合约对 PublisherSubscriber 合约的修订程序如下。

```
contract ModelView
  refines PublisherSubscriber(Model=Publisher,View=Subscriber)
  Model supports
  [ value:Value
    SetValue(val:Value)=>Δvalue {value=val};
                                NotifySubscribers()
    GetValue(val:Value)=>return value
  ]
  Views:set(View)where each View Supports
  [ Update()=>Draw()
    Draw()=>Model->GetValue()
        {View reflects Model.value}
  ]
  contract invariant
    Model.SetValue(val)=>< for all v:v∈ Views: v reflects Model.value>
  contract establishment< ||v:v∈ Views:< Model->AttachSubscriber(v);v->
Draw()>>
 end contract
```

将 Publisher 和 Subscriber 分别更名为 Model 和 View。Model 中增加了 value、SetValue()和 GetValue()。View 中的 Update()具体化为因果责任 Draw()。View 中引用了另一个参与者 Model 中的方法 GetValue()。

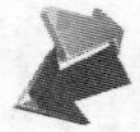

## 9.3 设计模式编目

设计模式在粒度和抽象层次上各不相同。由于存在众多的设计模式，因此希望能用一种方式将它们组织起来，以便于设计人员对各组相关的模式进行引用。分类有助于更快地学习目录中的模式，而且对发现新的模式也有指导作用。

设计模式依据其目的可分为创建型模式、结构型模式、行为型模式三类，共二十三个，如表 9-1 所示。

**表 9-1 设计模式分类**

| | 目的 | | |
|---|---|---|---|
| | 创建型模式 | 结构型模式 | 行为型模式 |
| 类 | Factory Method(3.3) | Adapter(类)(4.1) | Interpreter(5.3)<br>Template Method(5.10) |
| 对象 | Abstract Factory(3.1)<br>Builder(3.2)<br>Prototype(3.4)<br>Singleton(3.5) | Adapter(对象)(4.1)<br>Bridge(4.2)<br>Composite(4.3)<br>Decorator(4.4)<br>Facade(4.5)<br>Flyweight(4.6)<br>Proxy(4.7) | Chain of Responsibility(5.1)<br>Command(5.2)<br>Iterator(5.4)<br>Mediator(5.5)<br>Memento(5.6)<br>Observer(5.7)<br>State(5.8)<br>Strategy(5.9)<br>Visitor(5.10) |

创建型模式将对象的部分创建工作延迟到子类；结构型模式描述了对象的组装方式，处理类或对象的组合，使用继承机制来组合类；行为型模式描述一组对象怎样协作完成单个对象所无法完成的任务，对类或对象怎样交互和怎样分配职责进行描述，使用继承描述算法和控制流。

下面详细介绍一个设计模式——Observer 模式。

Observer 模式是一种对象行为型设计模式，它定义对象之间的一种一对多的依赖关系，当一个对象的状态发生改变时，所有依赖于它的对象都得到通知并自动更新。

**1. 意图**

Observer 模式定义对象之间的一种一对多的依赖关系，当一个对象的状态发生改变时，所有依赖于它的对象都得到通知并自动更新。

**2. 别名**

Observer 模式的别名有依赖(Dependents)、发布-订阅(Publish-Subscribe)。

**3. 动机**

将一个系统分割成一系列相互协作的类的副作用：需要维护相关对象间的一致性。这使各个类之间紧密耦合，降低了它们的可复用性。

一个表格对象和一个柱状图对象可使用不同的表示形式描述同一个应用数据对象的信息，如图 9-5 所示。表格对象和柱状图对象相互之间并不知道对方的存在，可以根据需要单独复用表格或柱状图。

Observer 模式描述了如何建立这种关系。模式中的关键对象是主题 Subject 和观察者

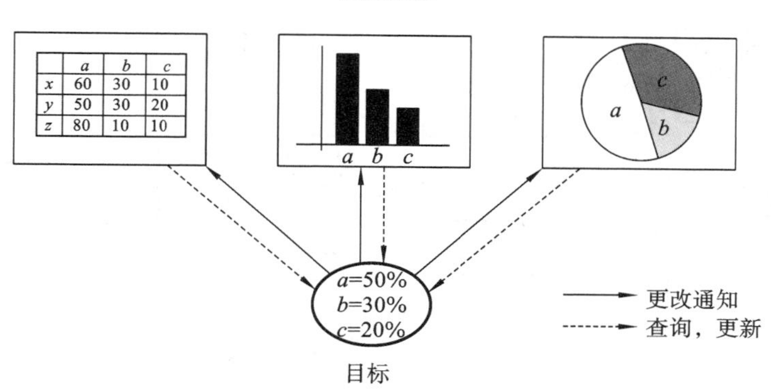


**图 9-5　表格对象和柱状图对象使用不同的表示形式描述同一个应用数据对象的信息**

Observer。

主题可以有任意数量的依赖于它的观察者。一旦主题的状态发生改变，所有的观察者都得到通知。作为对该通知的响应，每个观察者都将查询主题，以使其状态与主题的状态同步。

这种交互也称为发布-订阅。主题是通知的发布者，它发出通知时并不需要知道谁是它的观察者。可以有任意数量的观察者订阅并接收通知。

**4. 适用性**

在下列任意一种情况下都可以使用 Observer 模式。

(1) 当一个抽象模型有两个方面，其中一个方面依赖于另一个方面，将这两个方面封装在独立的对象中，以使它们可以各自独立地改变和复用。

(2) 当对一个对象的改变需要同时改变其他对象，而不知道具体有多少对象有待改变时。

(3) 当一个对象必须通知其他对象，而它又不能假定其他对象是谁时，换言之，不希望这些对象是紧密耦合的。

**5. 结构**

Subject(主题)：主题知道它的观察者，可有任意多个观察者观察同一个目标，提供注册和删除观察者对象的接口。

ConcreteSubject(具体主题)：将有关状态存入每个 ConcreteObserver 对象中，当它的状态发生改变时，向它的各个观察者发出通知。

Observer(观察者)：为在主题发生改变时需获得通知的对象定义一个更新接口。

ConcreteObserver(具体观察者)：维护一个指向 ConcreteSubject 对象的引用；存储有关状态，这些状态应与目标的状态保持一致；实现 Observer 的更新接口，以使自身状态与目标状态保持一致。

Observer 模式的结构如图 9-6 所示。

**6. 协作**

当 ConcreteSubject 发生任何可能导致其观察者与其本身状态不一致的改变时，它将通知各个观察者。在得到一个具体主题的改变通知后，ConcreteObserver 对象可向主题对象查询信息。ConcreteObserver 使用这些信息，以使它的状态与主题对象的状态一致。

图 9-7 说明了一个目标对象和两个观察者之间的协作。

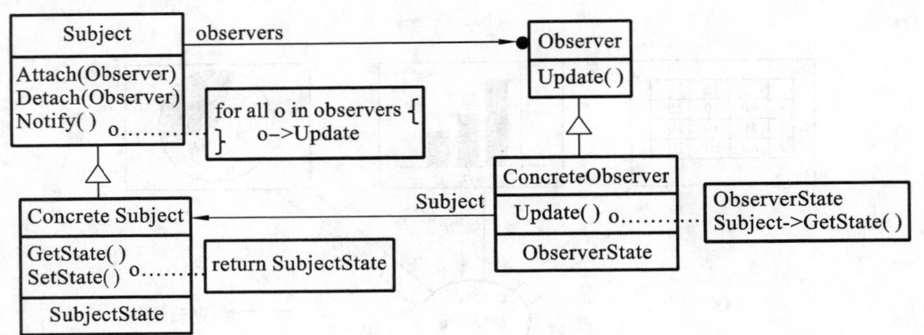


图 9-6　Observer 模式的结构

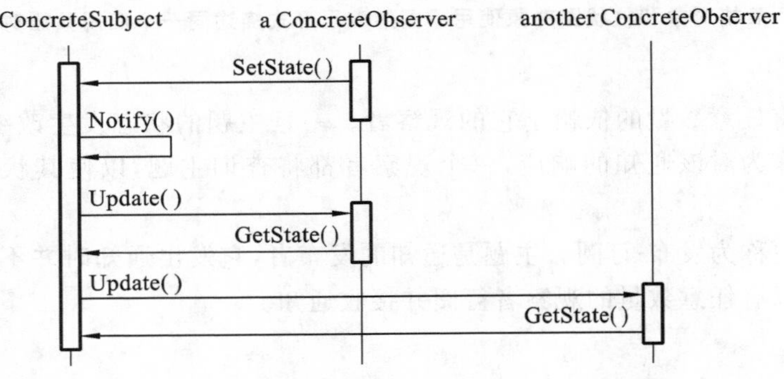


图 9-7　一个目标对象和两个观察者之间的协作

**7. 效果**

Observer 模式允许独立地改变主题和观察者，也可以单独复用目标对象而无须同时复用其观察者，反之亦然。Observer 模式也可以在不改变目标和其他观察者的前提下增加观察者。

Observer 模式具有如下特点。

(1) 主题和观察者之间具有最小的耦合。

一个主题所知道的仅仅是它有一系列观察者，每个观察者都有抽象的 Observer 类的简单接口。主题不知道任何一个观察者属于哪一个具体的类。

(2) 主题发送的通知不需要指定它的接收者。

支持广播通信不像通常的请求，通知被自动广播给所有已向该主题对象登记的有关对象，是处理还是忽略一个通知取决于观察者。

(3) 意外更新。

由于不知道其他观察者的存在，一个观察者的更新可能对改变目标的最终代价一无所知。在目标上，一个看似无害的操作可能会引起一系列对观察者及依赖于这些观察者的那些对象的更新。

此外，如果依赖准则定义或维护不当，常常会引起错误的更新，这种错误通常很难捕捉。

简单的更新协议不提供具体细节说明目标的哪些部分被改变了，这就使得上述问题更加严重。如果没有其他协议帮助观察者发现什么发生了改变，它们可能会被迫尽力减少改变。

## 9.4 设计模式的选择及使用

选择设计模式的方法如下。

(1)考虑设计模式是怎样解决设计问题的。

对设计模式进行讨论,能帮助找到合适的对象、决定对象的粒度、指定对象接口和设计模式解决设计问题的几个其他方法。

(2) 浏览设计模式的意图部分。

通读每个设计模式的意图,找出和问题相关的一个或多个模式。

(3) 研究设计模式怎样相互关联。

研究设计模式之间的关系,能获得合适的模式或模式组。

(4) 研究目的相似的设计模式。

通过比较和对照,能够洞察具有相似目的的设计模式之间的共同点和不同点。

(5) 检查重新设计的原因。

找出哪些设计模式可以帮助设计人员避免那些会导致重新设计的因素。

(6) 考虑设计中哪些是可变的。

列出设计模式允许独立变化的方面,可以改变它们而又不会导致重新设计。

使用设计模式的方法如下。

(1) 大致浏览,特别关注适用性和效果部分,确定是否适合问题。

(2) 回头研究结构、参与者和协作部分,关注类和对象以及它们是怎样关联的。

(3) 研究代码示例部分,分析该模式代码形式的具体例子。

(4) 选择参与者的名字。参与者的名字通常较抽象而不直接出现在应用中。一般将参与者的名字和应用中出现的名字合并起来。如,在文本组合算法中用了 Strategy 模式,那么可能有名为 SimpleLayoutStrategy 或 TextLayoutStrategy 的类。

(5) 定义类声明接口,建立继承关系,定义代表数据和对象引用的实例变量。

(6) 定义操作名称。操作名称一般依赖于应用。例如,可以使用“Create-”前缀统一标记 Factory 方法。

(7) 实现执行模式中责任和协作的操作。

设计模式不能随意使用。通常通过引入额外的间接层次来获得灵活性和可变性的同时,也使设计变得更复杂并/或牺牲了一定的性能。一个设计模式只有当它提供的灵活性是真正需要的时候,才有必要使用。

以 Observer 模型为例介绍其代码示例。

ClockTimer 是一个用于存储和维护一天时间的具体主题,它每秒钟通知一次它的观察者。ClockTimer 提供了一个接口,用于取出单个的时间单位,如小时、分钟和秒。

用一个抽象类定义 Observer 接口的程序如下。

```
class Subject;
class Observer
{ public:
    virtual ~Observer();
    virtual void Update(Subject *theChangedSubject)=0;
    protected:
    Observer();
};
```

这种实现方式支持一个观察者有多个目标。当观察者观察多个目标时，作为参数传递给 Update 操作的目标让观察者可以判定是哪一个目标发生了改变。

定义 Subject 类的程序如下。

```
class Subject
{ public:
    virtual ~Subject();
    /*   */
    virtual void Attach(Observer* );
    virtual void Detach(Observer* );
    virtual void Notify();
  protected:
    Subject();
  private:
    List< Observer* >* _observers;
};
```

Subject 的成员函数如下。

```
void Subject::Attach(Observer*  o)
{    _observers->Append(o);
}
void Subject::Detach Observer*  o)
{    _observers->Remove(o);
}
void Subject::Notify()
{    ListIterator< Observer* >i(observers);
    for (i.First(); ! i.IsDone(); i.Next())
    {  i.CurrentItem()->Update(this);
    }
}
```

ClockTimer 类继承了 Subject 的程序如下。

```
class ClockTimer:public Subject
{ public:
    ClockTimer();
    /*   */
    virtual int GetHour();
    virtual int GetMinute();
    virtual int GetSecond();
    /*   */
    void Tick();
};
```

Tick 操作由一个内部计时器以固定的时间间隔调用，从而提供一个精确的时间基准。Tick 更新 ClockTimer 的内部状态并调用 Notify 来通知观察者的程序如下。

```
void ClockTimer::Tick ()
{  // update internal time-keeping state
    //...
    Notify();
}
```

定义一个 DigitalClock 类来显示时间，它从一个用户界面工具箱提供的 Widget 类中继承它的图形功能。通过继承 Observer，Observer 接口被融入 DigitalClock 接口，其程序如下。

```
class DigitalClock: public Widget,public Observer
{ public:
    DigitalClock(ClockTimer*);
    virtual ~DigitalClock();
      /*   */
    virtual void Update(Subject*);
      // overrides Observer operation
    virtual void Draw();
      // overrides Widget operation;
      // defines how to draw the digital clock
private:
  ClockTimer*_subject;
};
```

Widget 类的定义如下。

```
class Widget
{ public:
    virtual void Draw();
};
```

DigitalClock 的构造函数和析构函数如下。

```
{    _subject =s;
_subject->Attach(this);
}
DigitalClock::~DigitalClock ()
{    _subject->Detach(this);
}
```

在 Update 操作画出时钟图形之前进行检查，以保证发出通知的目标是该时钟的目标，其程序如下。

```
void DigitalClock::Update(Subject*  theChangedSubject)
{ if (theChangedSubject==subject){  Draw(); }
}
void DigitalClock::Draw()
{  // get the new values from the subject
  int hour =_subject->GetHour();
  int minute =_subject->GetMinute();
  // etc.
  // draw the digital clock
}
```

一个 AnalogClock 可用相同的方法定义，其程序如下。

```
class AnalogClock : public Widget,public Observer
{ public:
    AnalogClock(ClockTimer* );
    virtual void Update(Subject* );
    virtual void Draw();
//...
};
```

下面的代码创建了一个 AnalogClock 和一个 DigitalClock，它们总是显示相同的时间。

```
ClockTimer* timer = new ClockTimer;
AnalogClock* analogClock = new AnalogClock(timer);
DigitalClock* digitalClock = new DigitalClock(timer);
```

一旦 timer 走动，两个时钟都会被更新并正确地重新显示。

## 习　题

9-1　什么是设计模式？好的设计模式必须满足哪些条件？

9-2　代码模式的主要目标是什么？

9-3　形式合约有什么特点？

9-4　哪些情况下可以使用 Observer 模式？

9-5　Observer 模式有哪些优缺点？

9-6　选择设计模式的方法有哪些？

# 第10章 分布式系统与部件技术

## 10.1 概述

高端计算的体系结构发展正是遵循着这样一个规律：话说天下大势，分久必合，合久必分。从金融、电信、机电等大行业的数据分散处理到集中处理，又到分布计算处理，就是这一变化的结果。软件复用和软件部件技术被视为是解决软件危机的一条现实可行的途径，是软件工业化生产的必经之路。

为什么要做分布式应用呢？其原因如下。

(1) 很多应用程序本身就是分布式的，例如多人对战游戏、聊天程序以及远程会议系统等。因此，一种健全的分布式计算框架能带来极大的好处。

(2) 有些应用程序本身不是分布式的，但它们的部分是分布式的，即它们至少有两个部件运行在不同的计算机上。但由于它们不是为分布式应用而设计的，所以它们的规模和可扩展性就有很大的局限性。

(3) 一些系统作为分布式系统会给用户带来好处。

任何的工作流或群件应用程序、大多数的客户机/服务器应用程序、一些桌面办公系统，本质上都控制着用户的通信和协作。

(4) 分布式应用引入了一个全新的设计和扩展概念，尽管增加了软件产品的复杂性，但却带来了可观的回报。

(5) 设计应用程序时考虑到分布性，能通过在客户端运行部件，使应用适用于具有不同性能的不同客户。

(6) 可以节约有限的资源。

有了一个设计适当的分布式应用系统，一台功能不怎么强大的服务器就能够运行所有的部件。当负载增加时，可以将一些部件扩展到价格便宜的附加的机器上。

### 10.1.1 分布式系统

网络技术的兴起和发展，使得人们对软件开发的认识也逐步加深，从单一系统的完整性和一致性，向群体生产率的提高和不同系统之间的灵活互连、适应性方向变化，计算方式也从以主机为中心向以网络为中心的方式发展。

在网络计算方式下，可以在分散的不同地理位置上，通过网络进行跨时间、跨空间的共享信息、协同工作。

分布式计算由四部分组成，即客户、服务器、对等体、过滤器。

客户：需要服务和资源的计算实体，是服务和资源的消费者，提供者是服务器或对等体中的一方或过滤器。

服务器：响应客户资源请求的资源实体，是服务和资源的提供者。

对等体：互为平等的可以产生和响应请求的实体，可以消费，也可以提供资源。

过滤器：传输请求和响应并对其进行修改，相当于服务器＋客户，常作为 C/S 系统的中介。例如，将分散在各个地方的公用代码放在过滤器上，以提高效率。

分布式操作系统、分布式数据库等都是分布式计算的实例。

### 10.1.2 部件技术

**1. 分析传统产业的发展**

传统方法所开发的应用软件往往是一种独立的整体性系统，各种功能或各种特性用固定的方式联系在一起，许多特性不能独立地被删除、升级或者替代。传统方法对复杂软件的设计和实现仍然非常昂贵，并且容易出现错误，大量的精力都消耗在相同的设计概念和代码部件的重复开发中。

由此，人们想到了集成，它似乎比开发要简单。为实现集成，一般通过设立一组系统服务 API(应用编程接口)来与其他系统交互。若在同一地址空间中调用 API，问题不太复杂，可以用软件开发商为集成提供的一些工具，如脚本语言、代码库等。但这些工具大多数是一些底层的通信工具，很少可支持在网络环境下，特别是在异构的硬件平台间的通信。这使得在异构的硬件平台间进行通信时，问题变得特别复杂。

传统方式往往通过一种集中管理式的固定的服务接口，或进行能力有限的远程调用 RPC 来实现通信，这样成本高且开发困难。开发接口所花费的时间与费用往往超过开发某种功能本身所需的时间与费用，而且开发的结果难于更改，存在许多弊端。

基于部件的开发模式是用标准的部件生产以及基于标准部件的产品生产(组装)(流水线)，其中部件是核心和基础，“复用”是必需的手段。

传统方式的软件集成如图 10-1 所示。

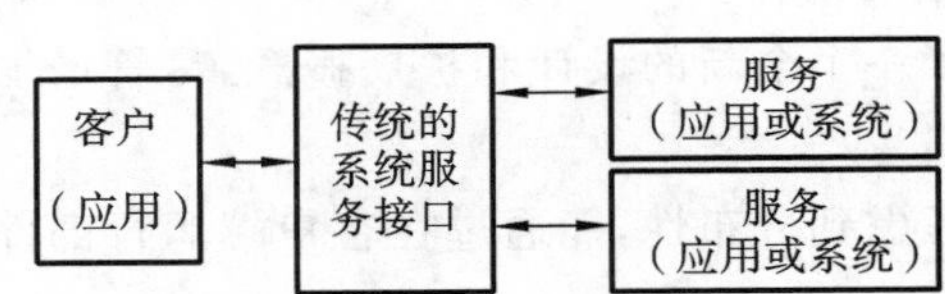


**图 10-1 传统方式的软件集成**

实践表明，这种模式是产业工程化、工业化的必经之路。标准零部件生产业的独立存在和发展是产业形成规模经济的前提。机械、建筑等传统行业以及年轻的计算机硬件产业的成功发展，均是基于这种模式并充分证明了这种模式。

这里，标准部件的生产和复用是关键。软件复用和软件部件技术的成熟和流行将使软件产业合理分工，部件生产业作为独立产业而存在。

基于部件的技术是 20 世纪 90 年代软件开发技术的一个重要进展，部件模型是新一代软件技术发展的标志。原因在于软件系统的规模越来越大，要求完成的功能很多，不能像传统方法那样开发大型软件，因此软件复用和集成更加重要。为了提高软件生产力，不草率地开发应用程序，一般应尽可能地利用可复用的软件部件，组装和构造新的应用软件系统。部件技术正是在这种情况下应运而生。



**2. 基于部件开发模式的要求**

(1) 能提供一套手段，包括定位和使用其他应用程序或 OS 服务，与服务提供者交互通信等。

(2) 能使用面向对象概念，更好地利用面向对象开发工具。

(3) 通过 C/S 的计算结构，利用各种网络资源。

(4) 使用分布式计算，无须考虑资源的空间分布、机器结构和环境影响。

**3. 部件的概念**

部件(component)是一种可复用的一小段软件(可为二进制形式)。部件的概念范围很广,小到一个按钮,大到如文字编辑器和电子表格等复杂的部件。部件对于用户来说可以是透明的或者是不透明的。

部件技术的基本思想在于,创建和利用可复用的软件部件来解决应用软件的开发问题。

预先由软件开发商编制好一系列易于理解和应用的模型——部件,这些部件具有许多优越性,如模块化、可复用性、可靠性等,然后希望只需要很少的工作量就可以接插不同厂商的部件。

**4. 部件技术不同于面向对象编程语言**

(1) 部件技术是一种更高层次的对象技术:部件技术独立于语言和面向应用程序,只规定部件的外在表现形式,而不关心其内部实现方法。

(2) 实现语言灵活:既可用 OOP 语言实现,也可用非面向对象的过程语言实现。

**5. 部件必须解决的两个重要问题**

(1) 复用:部件具有通用性,所提供的功能能被多种系统使用。

(2) 互操作:不同来源的部件能相互协调、通信,共同完成更复杂的功能。

**6. 部件技术的主要优点**

(1) 提高开发速度。

利用部件开发商提供的部件模型,减少了用户开发的工作量,大大缩短了开发周期。

(2) 降低开发成本。

降低了用户开发的工作量,开发成本也就减少了。一般来说,部件模型软件的开发成本相对于传统方法的开发成本来说是微不足道的。

(3) 增加应用软件的灵活性。

由于应用软件是在部件上编制的,因此对于使用者的不同需求,往往通过更换、修改应用中的一个或几个部件就可以实现。

(4) 降低软件维护费用。

由于基于部件的应用软件修改起来比较简单,一般都是通过修改部件来实现软件的维护,而不需要对整个软件进行全方位的大规模修改。

**7. 部件模型**

部件模型由部件(component)与容器(container)构成。

部件通过其接口向外界提供功能入口。接口是部件内的一组功能集合,它包含的是功能函数入口,类似于C++中只有纯虚函数的纯虚类。外界通过接口引用或通过接口指针来调用部件内的功能函数。

容器类似于装配车间,是一种存放相关部件的“器皿”,用于安排部件,实现部件之间的交互,其形式也是多种多样的,如表格(form)、页面(page)、框架(frame)、外壳(shell)等。另外,容器也可以作为另一个容器的部件。

将部件模型和对象模型相结合,即为部件对象模型。在部件对象模型中,对象是一种功能单元,是一种部件,它既可指对象类,又可指对象类的实例。注意,对象常常以独立的 DLL 或 EXE 的形式存在,对象之间只能通过标准的接口调用来相互作用。

软件部件的迅速发展使得基本部件装配应用开发模型成为一种深入软件界的新的应用开发模式与开发环境。Microsoft 的 VB 就是非常典型的使用部件进行编程的工具。

此外，Sybase 公司的 PowerBuilder、Borland 公司的 Delphi 等，都将部件技术的功能不断扩展，使其成为非常流行的开发工具，如 Microsoft 的 VBX、OCX 及 ActiveX 控件，Borland 公司的 Delphi 中的数据访问部件等。

### 10.1.3 体系结构和部件模型标准

**1. 互操作性**

互操作性描述两个或多个软件部件合作的能力(即使其实现的编程语言、接口及运行平台是在完全不同的情况下)。

处理互操作性的方案之一就是采用独立于产品的接口技术。这种接口技术要满足静态相容和动态相容。静态相容是指调用与被调用的过程能满足类型检查的要求，动态相容则要求所提供的服务能满足客户的要求。

有两种处理部件互操作性的部件接口技术：

1) 标准化接口(interface standardization)

总的来说，将客户部件与服务部件的接口都变换成共同的标准形式，其工作量虽然较小，如 $n$ 个部件间交互协作，只需做 $n$ 种变换，但它是一种封闭机制，灵活性稍差。如果有新的部件要求，已制定的标准也许无法适应新的需求。

2) 接口桥(interface bridging)

接口桥是一种开放式的机制，如果要加入任意一种新的部件来与原来的 $n$ 种部件交互，只要再增加 $n$ 种映射即可。接口桥处理 $n$ 个部件间的协同工作所需的交互，需要 $n(n-1)$ 种映射。这是一种极为灵活但工作量极大的方案。

**2. 开放分布式处理的要求**

开放分布式处理(open distributed processing，ODP)是指兼容异种成分的分布式处理。对于部件技术，除了互操作性外，还应支持 ODP。

ODP 需要达到以下几个方面的透明性：

(1) 存取透明：隐藏数据表示和调用机制的异同，使用同样的方式存取数据。

(2) 失败透明：将出错和恢复事件隐藏在对象内部，以达到容错的目的。

(3) 位置透明：隐藏接口的空间位置，用户不需要关心接口是哪里提供的。

(4) 迁移透明：外界不需要知道系统为使资源均衡而改变对象的位置。

(5) 持久性透明：对象里隐藏着所用资源的变化，如处理器资源、存储资源的冻结与解冻。

(6) 重定位透明：改变一个接口的位置不影响与之关联的其他接口。

(7) 复制透明：为提高性能，能同时有多个行为相同的对象支持某一接口，而用户不需要知道有多少个对象存在。

(8) 提交透明：一组对象发生作用的次序不影响结果的一致性。

**3. 部件对象技术的发展现状**

为达到上述要求，就不能任意构造软件部件，必须按照软件部件系统的体系结构和部件接口标准等来构造。

两个重要的部件技术是：①OMG 的 CORBA 技术；②Microsoft 的 COM+技术。

Sun 公司公布了基于 Java 的部件技术标准——JavaBeans API。

#### 4. 部件对象技术的发展趋势

(1) 多种部件技术并存:主流标准是 CORBA 和 DCOM。

(2) 要考虑标准化:当产品作为独立体存在时,不考虑标准是无关紧要的;但当产品作为系统的一部分而存在时,标准化问题就特别重要。

(3) 其他方案相继出现。

(4) 互操作性不是一个固定的特征,应标志其交互能力的程度。

## 10.2 CORBA 技术

公共对象请求代理体系结构(common object request broker architecture,CORBA)是由 OMG(object management group)提出的应用软件体系结构和对象技术规范,其核心是一套标准的语言、接口和协议,以支持异构分布式应用程序间的互操作性及独立于平台和编程语言的对象的复用。

OMG 最初制定了对象管理体系结构(OMA),它是比 CORBA 更高一层的概念,定义了一种体系结构,在 OMA 上可以用任何方法来实现,CORBA 是其中的一种实现方案。

CORBA 规范的发展进程如下:1991 年,CORBA 1.1 规范发布;1994 年,CORBA 2.0 规范发布,该规范包括了 CORBA 互操作规范;1997 年,CORBA 2.1 规范发布,该规范包括了 COM/CORBA 互操作规范;1998 年,CORBA 2.2 规范发布,该规范增加了 POA、Java 语言映射等;1999 年,CORBA 2.3 规范发布,该规范增加了传值调用、Java 到 IDL 的反向映射、DCOM/CORBA 互操作等;2000 年,CORBA 3.0 规范发布。

CORBA 规范的设计哲学表现在以下几个方面。

(1) CORBA 允许在不同对象间尽可能透明地传递请求。

- 应用可以跨越不同的应用领域。
- 支持服务(例如名址映射)位于 CORBA 之外。

(2) CORBA 具有平台无关性。

- 可以工作于不同的操作系统和网络环境下。
- 客户和服务器可以位于不同的平台上。

(3) CORBA 具有编程语言无关性。

- 可以支持多种编程语言(面向对象及非面向对象的语言)。
- 客户和服务器可以使用不同的编程语言进行开发。

### 10.2.1 CORBA 核心概念和体系结构

#### 1. 对象管理体系结构 OMA(object management architecture)

OMA 由对象模型和参考模型组成。对象模型定义如何描述异种环境中的分布式对象,参考模型刻画了对象之间的交互。

对象请求代理 ORB(object request broker)是对象相互通信的软总线,用来联系客户端和对象间的通信。

ORB 是 OMA 参考模型的核心,它保证在分布式异构环境中透明地向对象发送和接收请求,实现应用部件间的互操作。

OMG 组织的 OMA 体系结构如图 10-2 所示,其各部分的含义如下。

(1) 应用接口是用户应用软件自行提供的供他人使用的服务。

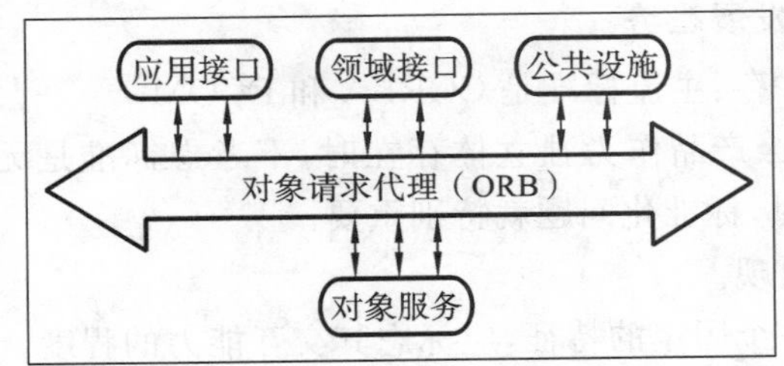


图 10-2　OMG 组织的 OMA 体系结构

（2）领域接口是为特定应用领域提供的公共服务的集合。

（3）公共设施是为许多应用提供的共享服务集合。

（4）对象服务是为使用和实现对象而提供的基本服务集合。

**2. CORBA 系统的基本组成**

CORBA 系统建立在 OMA 概念上，是 OMG 采用的第一个标准，其基本组成如图 10-3 所示。CORBA 的 OMA 是一个四层模型。

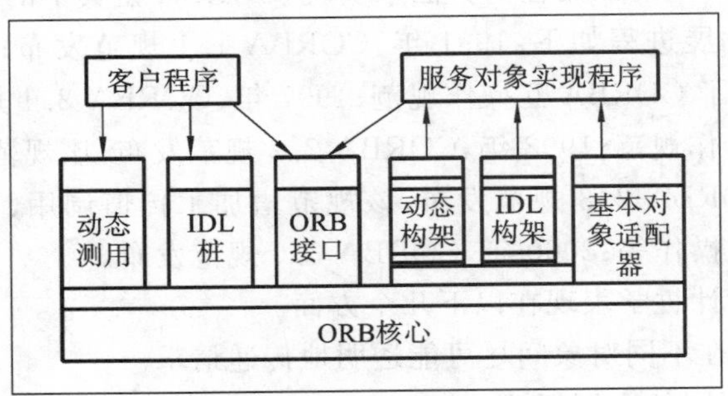


图 10-3　CORBA 系统的基本组成

CORBA 系统的最低层是 ORB；第二层是对象服务层，负责对象的命名、创建和管理；第三层是公共设施层，完成用户对象直接使用的一些功能；第四层是事务对象层，像 Java、ActiveX applets 等均在该层。

对应于 OMA 的参考模型，CORBA 相应地也有四个对象接口，即 CORBA 服务（CORBA services）：对象服务；应用对象（application object）：应用接口；CORBA 领域（CORBA domain）：领域接口；CORBA 设施（CORBA facilities）：公共设施。

CORBA 2.0 主要包括以下几个部分。

1）ORB 核心

ORB 是 OMA 或 CORBA 的重要组成部分，是 CORBA 四个部分中唯一必须提供的部分。目前有许多商用的 ORB，它们不带 CORBA services 或 CORBA facilities。

Inprise 公司的 VisiBroker，例如 Netscape 公司的浏览器产品中内嵌了 VisiBroker 的 ORB 技术，Oracle 公司的 Oracle 8 及 Oracle Application Server 决定使用 VisiBroker 作为对 CORBA 的支持。

CORBA 中，ORB 最基本的功能是对应用程序或其他的 ORB 请求做出响应。此外，ORB 还可以做如下事情：

- 查找并调用远程计算机上的对象。
- 负责不同编程语言之间的参数转换（如 C＋＋至 Java）。

- 可进行超越本机界限的安全管理。
- 为其他的 ORB 收集并发布本地对象的 metadata。
- 用下载的代码(stub)描述的静态调用方法去激活远程对象中的方法。
- 用动态调用方法激活远程对象。
- 自动激活一个当前没有装入内存运行的对象。
- 将回调方法导向其管理之下的本地对象。

2) OMG 接口定义语言 IDL(interface definition language)

IDL 是一种独立于编程语言、下层网络和具体实现的数据类型和服务接口的描述语言，它提供了用于定义部件/对象边界的中介语言和定义底层对象接口的语言，借鉴了 C++语言的语法，去掉了其中涉及实现语义的内容，同时添加了若干适用于分布式系统的特征。

IDL 语言完全是一种描述性语言，而非编程语言。它没有控制结构，因而不能用于实现客户方程序和对象实现方程序。

OMG 已经定义了 OMG IDL 语言到 C、C++、SmallTalk、Java、COBOL 和 Ada 语言的映射。VisiBroker for C++ ORB 提供了 C++/IDL 编译器，VisiBroker for Java ORB 提供了 Java/IDL 编译器。

OMG IDL 语言示例如下。

```
interface Person
{ attribute string name;
  readonly attribute Gender sex;
  readonly attribute Date birthdate;
};
interface Employee : Person
{ readonly attribute ssn;
  void addEmployer(Employer emp);
  void deleteEmployer(Employer emp);
  short numEmployers();
};
```

OMG IDL 语言编译器类似于其他编程语言编译器，在 IDL 建立接口规格说明时也具有：

- 模块(IDL modules)；
- 接口(IDL interface)；
- 前期语言(IDL forward)；
- 常数(IDL constants)；
- 类型声明(IDL type declaration)；
- 序列(IDL sequences)；
- 属性(IDL attributes)；
- 例外(IDL exceptions)；
- 操作标识(IDL operation signatures)；
- 预编译指引(pre-compiler directives)。

CORBA 的 IDL 语言编译器程序如下。

```
Module Server
{ interface ISCalculator
  { long Add(in long x,in long y);
  }
}
CORBA::Long ISCalculatorImpl::Add(CORBA::Long _x,
                                  CORBA::Long _y)
{ return _x+_y;
}
```

IDL 语言编译器产生一对目标代码，即客户端和服务器端，如图 10-4 所示。客户端的代码称为桩(stub)，服务器端的代码称为骨架(skeleton)。

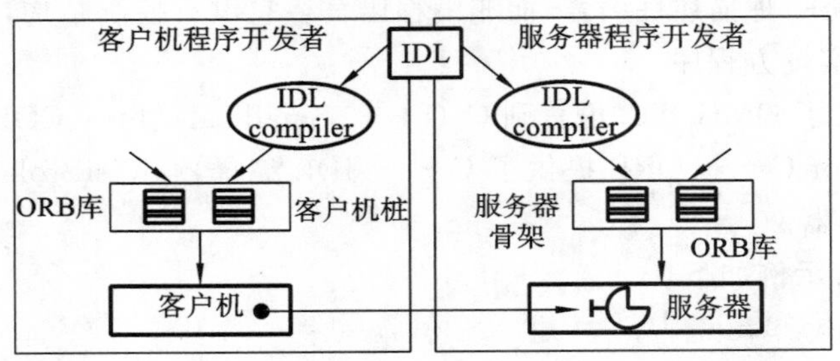


**图 10-4　IDL 语言编译器**

3) CORBA 运行机制

CORBA 分为客户端和对象实现端。

客户端：发起服务请求，称为调用。

对象实现端：接收、处理请求，将结果返回给客户端。

CORBA 运行机制有：静态调用和动态调用。

动态调用接口(DII)和 IDL 桩接收客户端发送来的请求，并传给 ORB，对象实现端通过 DSI 和静态 IDL 骨架从 ORB 接收请求。

静态调用是指通过 IDL 桩(静态调用接口)和静态骨架进行的调用过程。IDL 桩作为本地替身，将客户端 ORB 请求打包；服务器 ORB 和静态 IDL 骨架将请求解包，分发给对象。

静态调用是将静态请求所需的类型系统编译到应用中，如果分布式系统的其他类型系统改变了，就要重新编译应用程序。

动态调用是指查找所需要的类型信息是动态进行的。动态调用有以下三个重要部分。

(1) 动态调用接口(dynamic invocation interface，DII)：由一组 CORBA 系统对象组成，这些对象提供给客户端动态地创建和调用对象请求功能。

(2) 动态骨架接口(dynamic skeleton interface，DSI)：提供动态地将请求分发给目标对象的功能。

(3) 接口库(interface repository，IR)：也是一个 CORBA 对象，它保存当前状态下系统的类型系统，并允许在运行时访问、增删和修改 IDL 类型系统。

DII 中可以构造三类调用操作：同步调用操作(synchronous invocation)、延迟同步调用操作(deferred invocation)、单向调用操作(oneway invocation)。

动态调用无须在分布式系统的类型系统改变时重新编译应用程序，原因在于它是通过由 CORBA::object()接口所提供的 create_request 操作来创建一个伪对象 pseudo-object

的。通过此操作，应用就可创建一个对该对象的动态请求，从 IR 中得到参数类型。

动态骨架也无须将对象骨架事先编译到应用之中。由于动态调用比静态调用的成本要高、效率要低，因此动态调用只能在特别需要时使用。

4) Inter-ORB 协议和互操作

为支持 ORB 之间的互操作，CORBA 规范中定义了 ORB 之间通信的标准协议——通用 Inter-ORB 协议(general Inter-ORB protocol，GIOP)。该协议定义了用于 ORB 之间通信的一种标准传输语法和一组消息格式，其内容包括三部分：公共数据表示、GIOP 消息格式和 GIOP 消息传递。GIOP 建立在传输层协议上。

GIOP 只是一种抽象协议，在实现时必须映射到具体的传输层协议或者特定的传输机制上。IIOP(internet inter-ORB protocol)就是 GIOP 的一种映射，它定义了用于 Internet 之上的 ORB 之间的标准互操作协议，它利用的传输层协议就是 Internet 所采用的 TCP 协议。ESIOP(environment-specific inter-ORB protocol)用于一些已经存在的分布式计算构架上。

### 10.2.2 CORBA 的设计模式

在面向对象的编程中，更加注重以前代码的复用性和可维护性。设计模式使人们可以更加简单、方便地复用成功的设计和体系结构，将已证实的技术表述成设计模式也会使新系统开发者更加容易理解其设计思路。对于基于 CORBA 的系统，同样涉及设计模式问题，也需要总结和应用成功的设计。

**1. 设计问题的规模粒度**

CORBA 设计模式通过结构化层次组织在一起，定义了一个用来检验面向对象模式和原理的全面框架。CORBA 设计模式如图 10-5 所示。

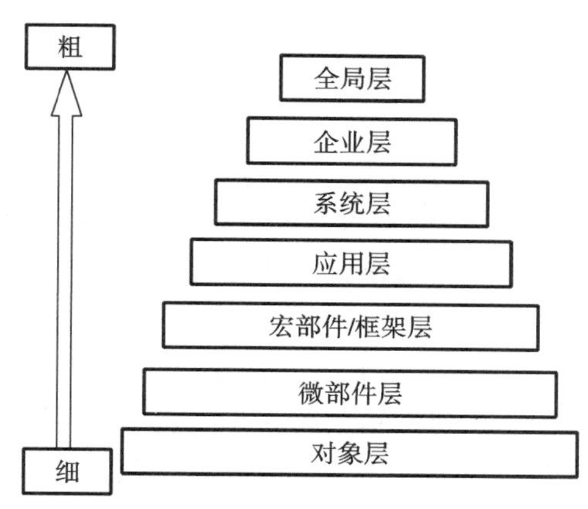


**图 10-5　CORBA 设计模式**

(1) 全局层是体系结构层次中最大规模的体系结构层次，包括多个企业，涉及的关键问题包括跨企业边界的软件影响，例如 Internet。

(2) 企业层是一个组织中最大规模的体系结构层次。企业级软件包括多个系统，每个系统又包括多个应用。企业级模式包含做出决定的指导，这些决定会影响企业软件的结构、风格和发展。

(3) 系统层包括多个应用，这些应用构成系统的功能。应用程序之间有互操作问题。水平接口、垂直接口和元数据组成软件体系结构的系统层。

(4) 应用层包括大量的对象类、多重微部件层和一个或多个框架，它关心单个应用中使用的设计模式，反映最终用户的外部需求（功能和性能），目标是实现有软件需求的特定功能集合。应用模式覆盖了各种解决方案。应用模式有库、框架、解释程序、事件驱动、持续性等。

(5) 宏部件/框架层包括一个或多个微部件层。解决方案中会预定义一些体系结构，如CORBA等，目标是复用软件代码和设计。

(6) 微部件层包括组合多个对象或类的模式，是一些协作对象的集合，目标是复用封装的部件，使其能独立，以适应系统的变化，适用于一些小型系统的开发。

(7) 对象层是颗粒度最小的层次，包括对象类和对象实例的定义和管理，主要目标是构造针对应用程序需求的主要功能。对象和类在类库和编程框架上是语言相关的（CORBA除外）。

**2. CORBA 设计模式目录**

CORBA 设计模式按设计问题的规模分为四类：应用级设计模式、系统级设计模式、企业级设计模式和全局级设计模式。

(1) 应用级设计模式：主要任务是管理应用的性能和功能。

在设计基于 CORBA 的应用系统时，性能问题一般较为突出。与其他分布式计算技术一样，CORBA 为了与分布式应用进行通信，也要付出性能方面的代价。这部分设计模式提供了很好的设计经验。

应用级设计模式属于以改进对象实现为目的的设计模式。在功能管理中，应注重管理对对象的并发访问，避免竞争和死锁等并发问题。

(2) 系统级设计模式：主要是需要增加对改动和复杂性方面的管理。

在应用集成为系统后，系统变得复杂和庞大，造成维护困难，系统级设计模式应更关注这一点。在基于 CORBA 的分布式对象模型中，ORB 支持联结问题，减轻了工作量。系统级设计模式有时称为软件体系结构。

系统级设计模式属于高级系统设计模式。系统为解决管理复杂性问题，要简化客户对无联系信息服务的访问，可用模式来代理要执行的操作。

(3) 企业级设计模式：其本质是协调系统级 IT 资源管理和决策，加强互操作和复用。企业级设计模式属于构成企业基础设施模式，它可以简化分布式计算，为客户提供透明地访问一个分布的异构环境。

(4) 全局级设计模式：由很多企业和个体组成，涉及的关键问题包括跨企业边界的软件影响。通过将 Internet 与 CORBA 技术相结合来创建具体的可复用的解决方案，促进了这两种技术的飞速发展。全局级设计模式属于全局设计模式中的 Internet 设计模式。为了管理功能，要扩展 Intranet 或 www 应用能力，尤其是 www 页面的状态无关性，并用 CORBA 维护 Web 对象的状态。

## 10.3 COM+技术

在新的企业应用体系结构下，微软公司将 COM、DCOM 和 MTS 统一起来，形成真正适合于企业级应用的部件技术，这就是 COM+。COM+容易使人产生误解，以为它是 COM 的新版本，其实 COM+的含义远比 COM 丰富得多。

### 10.3.1 COM+技术概述

**1. COM+技术的发展**

OLE:object linking and embedding,对象连接和嵌入。

DDE:dynamic data exchange,动态数据交换。

COM:component object model,部件对象模型。

DCOM:distributed COM,分布部件对象模型。

MTS:Microsoft transaction Server,微软事务服务器。

Windows DNA:distributed internet applications architecture,分布式网络应用体系结构。

COM起源于OLE。OLE使用DDE机制来支持程序之间的通信,而DDE建立在Windows消息机制基础上,稳定性和效率都很差,COM由此产生。COM定义了客户与部件之间互操作的标准,包括规范与实现两部分。规范部分定义了部件之间的通信机制,这些规范不依赖于任何特定的语言和操作系统。实现部分即COM库,为COM规范的具体实现提供一些核心服务。以COM技术为基础的OLE后来改名为ActiveX。

虽然COM是一项应用广泛、成熟的部件技术,但是COM仅支持同一台计算机(当然是Windows操作系统)上的部件之间的互操作。随着Windows NT 4.0的发布,COM技术需要延伸到分布式计算环境,这就产生了DCOM。DCOM用网络协议来代替本地进程之间的通信,并针对分布式环境提供了一些新的特性,例如位置透明、网络安全性、跨平台调用等。

COM/DCOM技术为基于部件的软件开发提供了基础,但用它来开发企业级应用系统还显得不足,需要功能强大的基础设施为部件提供基本的运行和部署环境。为了满足企业级应用的需求,MS公司推出了MTS。MTS把应用系统的客户程序、应用部件和各种资源有机结合起来,弥补了COM/DCOM的不足,为分布式企业应用提供了一种服务器端的部件运行和部署环境。MTS是从Windows NT 4.0 + SP4的option pack开始,随Windows操作系统免费提供的。

随着互联网应用的日益广泛,企业级应用的体系结构越来越重要。为了使Windows真正成为企业应用平台,MS公司又推出了Windows DNA。Windows DNA是一个完整的、多层的新一代企业应用体系结构,它包含工具、数据库、操作系统、编程模型和应用服务等。

在新的企业应用体系结构下,MS公司把COM、DCOM和MTS统一起来,形成真正的企业级应用部件技术——COM+。COM+是一种中间件技术的规范,其要点是提供建立在操作系统上的、支持分布式企业级应用的“服务”。COM+是在20世纪末随着Windows 2000发布才面世的。

**2. COM+的基本结构**

COM+的核心是改进的COM/DCOM和MTS的集成,增加了一些重要的部件服务,如负载平衡、驻留内存数据库、事件模型、队列服务等,还提供了一个比MTS更好的部件管理环境COM+ Explorer,用来设置COM+应用和COM+部件的属性信息。另外,COM+还支持所谓的申述式编程模型,它允许开发人员以较通用的方式开发部件,而一些细节在部署时再确定。

COM+的基本结构如图10-6所示。

**3. 微软分布式网络应用体系结构 Windows DNA**

Windows DNA是一个服务器端的开发平台,包含以下产品:

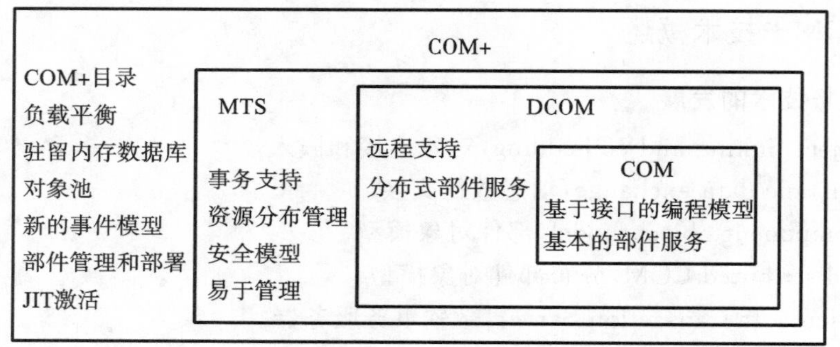


**图 10-6　COM＋的基本结构**

(1) Windows NT/2000：操作系统，为 MS 技术提供运行环境和支持。

(2) DCOM：支持分布式部件的核心技术。

(3) MSMQ(MS message queue)：消息队列产品，支持部件之间的异步通信。

(4) MTS：管理部件的应用服务器。

(5) MS wolfpack：支持集群服务器的软件。

(6) MS SQL server：一个关系型数据库管理系统。

(7) MS IIS(internet information server)：Web 服务器。

(8) MS management console：部署和管理工具。

COM＋技术是以上产品(尤其是 DCOM、MTS 以及 MSMQ 的一部分)的相互结合。

**4. COM＋标准的特点**

(1) 真正的异步通信：COM＋底层提供了队列部件服务，允许客户和部件进行异步通信。

(2) 事件服务：新事件机制利用系统服务简化了事件模型，避免 COM 可连接对象机制的琐碎细节，使事件源和事件接收方实现事件功能更加灵活。

(3) 灵活性：动态负载平衡以及驻留内存数据库、对象池等系统服务为 COM＋的灵活性提供了技术基础。

(4) 可管理和可部署性：COM＋的申述式编程模型和部件管理环境支持应用系统在开发完成后的管理和部署。

(5) 易于开发：COM＋开发模型比以前的 COM 部件的开发更为简化。

## 10.3.2　COM 标准

COM 是部件对象模型 COM/DCOM 的基础，是构造二进制兼容(binary compatibility)软件部件的标准，它包括规范和系统级实现(即 COM 库)两部分。COM 规范除了基本的核心外，还定义了一些扩展，例如可连接对象、结构化存储、智能命名和绑定、统一数据传输等高级特性。



**1. COM 的基本概念**

1) 全局唯一标识符

全局唯一标识符(globally unique identifier，简称 GUID)是一个 128 位整数，可用来唯一标识 COM 对象或接口。GUID 来源于开放软件基金会 OSF 采用的通用统一标识符 UUID (universally unique identifier)。UUID 被定义为分布式计算环境 DCE(distributed computing environment)的一部分，主要用于标识远程过程调用 RPC(remote procedure call)通信的双方。

2) COM 对象和 COM 部件

在 COM 规范中，“部件”和“对象”经常混淆。所谓 COM 对象，是指符合 COM 规则的部件类 CoClass(component class)的实例。每个 COM 对象都有一个 GUID，称为 CLSID。COM 部件是指一组以编译后的形式提供一组功能的 COM 对象。COM 部件独立于具体的编程语言，以二进制形式(DLL 或 EXE)发布，可以独立升级，可以透明地在网络上被重新分配。

3) COM 接口

COM 接口是一组逻辑上相关的函数集合，每个接口都有一个 GUID，称为接口标识符 IID(interface identifier)。

COM 接口具有不变性。COM 接口只允许单继承。一个 COM 对象可实现多个 COM 接口，这体现了 COM 对象的多态性，这些接口由 IUnknown 接口来管理。

4) IUnknown 接口

IUnknown 是所有 COM 对象都必须实现的接口，其他接口都直接或间接继承 IUnknown 接口，它包含 AddRef、release 和 query interface 三个操作。query interface 负责向客户提供接口查询功能；AddRef 和 release 相结合，通过引用计数的方法，提供对 COM 对象的生存周期进行管理的功能。

任何 COM 对象都必须包含一个基本的 IUnknown 接口，任何自定义的接口也必须从 IUnknown 继承。

5) 微软接口定义语言 MIDL

微软接口定义语言 MIDL(Microsoft interface definition language)是定义 COM 接口的申述式(描述式)语言，其目标是通过独立于具体编程语言的方式来定义接口。

MIDL 是基于开放软件基金会分布式计算环境中的 RPC 的接口描述语言，常简称为 IDL。

**2. COM 部件与客户机之间的通信机制**

COM 部件和客户机程序可以在同一进程中，也可以在不同的进程中，前者称为进程内部件，后者称为进程外部件。在 Windows 平台上，进程内部件以动态连接库 DLL(dynamic link library)的形式实现。由于 DLL 程序包含一个引出函数表，客户机程序在与 DLL 动态连接时会建立一张表，把客户机的调用和 DLL 中函数的地址连接起来。因此，客户机程序与进程内部件可通过直接函数调用进行交互。

对于进程外部件来说，问题就比较麻烦了。在现在的操作系统中，各进程之间是相互屏蔽的。当一个客户机进程需要和另一个进程中的部件通信时，它不能直接调用该进程，而是需要遵循操作系统对进程间通信所做的规定。在 Windows 平台上，进程外部件以 EXE 形式实现。COM 采用了本地过程调用 LPC(local procedure call)作为进程间的通信机制。

代理(proxy)和桩(stub)是两个 DLL、IDL 编译后生成的源代码。客户机程序与代理在客户机进程中，进程外部件与桩在服务器进程中，LPC 调用只在代理和桩之间进行。此外，代理和桩还需要对参数和回送值进行翻译和传递，其中打包的过程称为参数列集(marshaling)，解包的过程称为散集(unmarshaling)。客户通过这种方式与进程外部件通信，犹如直接与进程内部件通信，这就是 COM 的进程透明特性。

**3. COM 的实现**

COM 不仅定义了客户与部件之间交互的规范，而且提供了全面的实现细节。COM 的实现与操作系统平台密切相关。

1）COM 库

COM 库是 COM 标准的系统级实现，为 COM 对象的标识和创建、内存管理、部件程序的卸载等提供了一组标准接口和辅助函数。在 Windows 系统中，COM 库主要包含在 OLE32.DLL 和 RPCSS.exe 文件中。COM 库很多地方直接用到了 Windows 系统的一些特性，例如系统注册表、动态连接库等。

2）系统注册表

系统注册表是一个全操作系统范围内公用的信息仓库，它可用作客户程序、部件程序和 COM 库三者交换有关 COM 对象信息和接口信息的场所。

3）类工厂

类工厂是能够创建其他 COM 对象的特殊 COM 对象，支持一个特殊的接口 IClassFactory，为实例化 CoClass 部件类提供了一种标准机制。显然，每一个 COM 对象类应该有一个相应的类工厂对象。

IClassFactory 接口定义了两个重要的操作：create instance 和 lock server。create instance 生成 COM 对象并返回所请求接口的指针，lock server 在内存中保存 COM 部件。

4）COM 服务器

COM 服务器是指包含一个或多个 COM 对象类和相应的类工厂，能向客户提供服务的一个程序（EXE）或库（DLL）。

**4. COM 的动态激活机制——自动化**

1）自动化对象

所谓自动化，是指一种允许高级语言（比如 VBScript）使用部件的 COM 应用技术。自动化的核心是 IDispatch 接口，自动化对象就是实现了 IDispatch 接口的 COM 对象。

2）IDispatch 接口

IDispatch 是自动化对象必须实现的接口。IDispatch 在 IUnknown 接口的基础上增加了 GetIDsOfNames、GetTypeInfo、GetTypeInfoCount 和 invoke 等操作。GetTypeInfo 和 GetTypeInfoCount 用于处理对象的类型信息；GetIDsOfNames 用于返回操作或属性及其参数名字的分发标识符（分发 ID，即 DISPID）；IDispatch 用 DISPID 来管理属性和操作；invoke 是 IDispatch 接口的核心操作，它根据调用参数给定的 ID 执行相应的函数。

### 10.3.3 COM＋部件的新特性



**1. COM＋编程模型**

简单地说，COM＋部件就是 COM 部件加上一些规则和实现几个接口。

COM＋编程模型主要有以下三个原则。

(1) COM＋部件建成 COM DLL。

(2) COM＋部件要符合基本编程和资源分配规则，主要表现在以下几个方面：

- 为单个独立客户机编程，不必考虑多用户，因为 COM＋会处理多用户。
- 部件需要资源（如数据库连接）时，不要过早请求。
- 尽早释放资源。

• 部件本身不必保持状态，以使 COM+能更有效地管理资源。

(3) COM+部件要利用 COM+ API 与 COM+交互。

**2. 代理进程和对象周境**

1) 代理进程(surrogate executable)

由于 MTS 部件和 COM+部件需要以 DLL 形式实现，而 DLL 是进程内部件，因此很难生成多用途部件——既在 MTS 中运行，又作为独立服务器端进程外部件。为此，微软公司提出代理进程的概念，负责装载并提供 COM+部件运行的周境(context)。

2) 对象周境(object context)

COM+的周境是指共享同一套运行要求的对象集合。由于不同的对象类可能使用了不同的部署信息，所以一个进程通常包含一个或多个周境，这些周境的部署互不兼容。

所有无部署信息的对象都驻留在调用方的周境中。每一个周境都有一个对象，即对象周境，运行在此周境中的对象可通过 CoGetObject API 函数得到此对象周境，利用对象周境的 IObjectContext 接口可以访问到周境的属性信息。

3) 对象周境的 IObjectContext 接口

每个 COM+部件对象都有相应的对象周境，它提供 IObjectContext 接口，COM+部件对象通过该接口与 COM+通信。

对象周境的 IObjectContext 接口主要包括"截取"方法。COM+系统在创建 COM+对象时，为其分配一个对象周境的技术。

**3. 即时激活机制(just in time activation，JITA)**

JITA 是 COM+保持资源有效利用的一种动态对象激活机制，是 COM+的核心机制。对象只有在真正需要时才被激活；如果一旦不用，COM+就立即释放。

**4. COM+部件的生成周期及 IObjectControl 接口**

1) COM+部件的生成周期

COM+部件的生成周期为 create、activate、deactivate、destroy。客户机创建对象时，COM+创建但不激活对象，对象在第一次方法调用时被激活。对象去活的时间取决于对象是否支持事务。

如果事务性对象调用 SetAbort 或 SetComplete，则方法调用完成后立即去活。下次客户调用这个对象时，COM+自动重新激活这个对象；非事务性对象则保持活动状态，直到客户释放该对象的所有引用为止。

2) IObjectControl 接口

COM+部件可实现 IObjectControl 接口，该接口有两个方法——激活和去活，COM+分别在对象激活和去活时自动调用它们。可以利用这两个方法做激活前的准备工作和去活前的扫尾工作，其作用相当于 C++和 Java 的构造函数和析构函数。

注意，COM+部件不能访问 IObjectControl 接口，只有 COM+运行时周境可以调用该接口的方法。IObjectControl 接口还有一个名为 CanBePooled 的方法，对象通过该方法通知 COM+运行时周境是否放在对象池中供复用。

**5. COM+目录**

COM 和 MTS 把部件的所有部署信息都保存在 Windows 的系统注册表中，而 COM+则把大多数的部件信息保存在一个新的数据库中，称为 COM+目录。COM+目录统一了以 COM 和 MTS 为主的注册模型，并提供了一个专门针对部件的管理周境。COM+目录信息既可以通过COM+管理程序检查或设置，也可以在程序中通过COM+提供的一组COM接口来访问。

**6. 事务管理**

COM+部件有以下几种事务特性。

(1) 要求事务：对象必须运行在一个事务周境中。

(2) 要求一个新事务：每个事务都运行在一个单独的事务周境中。

(3) 支持事务：对象可以运行在一个客户的事务周境中，或者创建一个新的事务周境。

(4) 不支持事务：对象不运行在事务周境中。

COM+部件的事务特性可以由COM+管理程序来部署，并通过对象周境来实现。通过对象周境，一个事务操作可以被提交、取消或禁止提交。

**7. 基于角色的安全模型**

COM+沿用了MTS基于角色的安全模型。在开发阶段，开发人员负责定义各种角色，并且在实现部件功能时，只允许指定角色的用户才可以执行这些功能；在配置阶段，管理人员负责为所有的角色指定有关的用户账号，COM+允许达到方法级的安全控制。

### 10.3.4 COM+系统及其服务

**1. COM+系统**

COM+系统是一个典型的分布式事务处理系统，主要由五个部分组成。

1) COM+运行环境

COM+运行环境是一个COM+部件容器，负责在服务器上执行、放置所有创建的COM+部件；负责管理对象、线程和安全的建立和删除；与应用程序部件、资源分配器和数据库等交互，以执行事务；建立部件执行的地址或进程空间。

2) COM+部件服务管理程序

COM+部件服务管理程序是Windows 2000管理工具MMC SnapIn的一部分，代替了MTS管理程序(MTS explorer)和DCOM配置程序(dcomcnfg. exe)，负责增加、删除COM+应用和COM+部件，设置COM+应用和COM+部件的属性信息，比如事务特性、安全特性等。

3) COM+应用

对应于MTS中的包(package)，COM+称为COM+应用，每一个COM+应用包含一个或多个COM+部件以及有关的信息。同一个COM+应用中的COM+部件共享同一个进程和同一套安全角色定义。

4) 资源分配程序

资源分配程序分配数据库连接、网络连接、对象、内存块等资源。资源分配程序主要通过提供资源池功能来管理资源，最常用的有ODBC资源分配程序和共享属性管理程序。

ODBC资源分配程序管理数据库连接，共享属性管理程序管理在进程范围内共享的全局数据。

5) 分布式事务协调程序

分布式事务协调程序是Windows的一个后台服务，它用两阶段提交的方式实现事务的功能，提供可伸缩、健全的分布式事务管理服务。

**2. COM+系统服务**

COM+封装了服务器端部件系统平台的复杂性，以系统服务的形式为多层部件应用系统提供基本功能。下面主要介绍 COM+队列化部件、COM+事件模型、负载平衡、驻留内存数据库、COM+对象池等。

1) COM+队列化部件(queued component，QC)

QC 是 COM+ 的关键特性，它基于微软消息队列服务(Microsoft message queue server，MMQS)，提供了一种异步的、基于消息的运行方式。COM+队列化部件的基本模型如图 10-7所示。

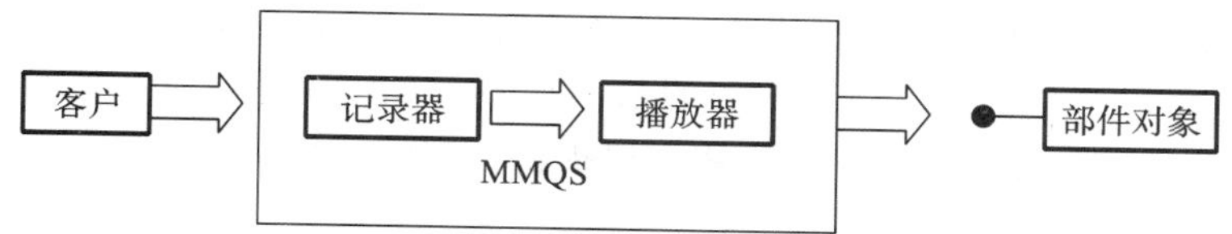


**图 10-7　COM+队列化部件的基本模型**

客户程序创建一个部件对象，实际上是创建了一个记录器代理对象，所有调用都通过记录器进行，记录器把调用请求记录下来，然后通过 MMQS 传递到服务器部件，服务器上的播放器再执行这些方法调用。

2) COM+事件模型

COM+事件模型改进了 COM 的可连接对象机制，它采用了多通道的发布/订阅事件机制，允许多个客户去“订阅”由各种部件对象“发布”的事件。发布/订阅事件机制的基本结构如图 10-8 所示。

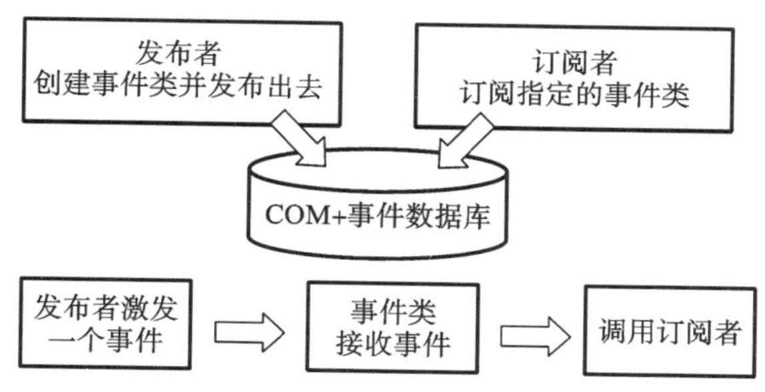


**图 10-8　发布/订阅事件机制的基本结构**

3) 负载平衡

负载平衡是分布式应用的一种高层次需求。使用 DCOM 和 MTS 的配置特性能实现初步的静态负载平衡，但是不能实现真正的动态负载平衡；而 COM+提供了一个负载平衡服务，它可以以透明的方式实现动态负载平衡。

首先将一组已经安装了服务器端部件的机器定义为一个应用群集，然后把一台机器配置成负载平衡路由器，COM+负载平衡以 NT 系统服务的形式运行在路由器上。当路由器的服务控制管理程序接收到远程创建对象请求时，它把请求传递到负载最轻的机器上。负载平衡应用模型如图 10-9 所示。

COM+负载平衡引擎使用默认的负载平衡算法，它以每台机器上每个对象方法调用的响应时间作为参考值计算出负载平衡参数。COM+也允许应用程序使用自定义的负载平衡引擎。

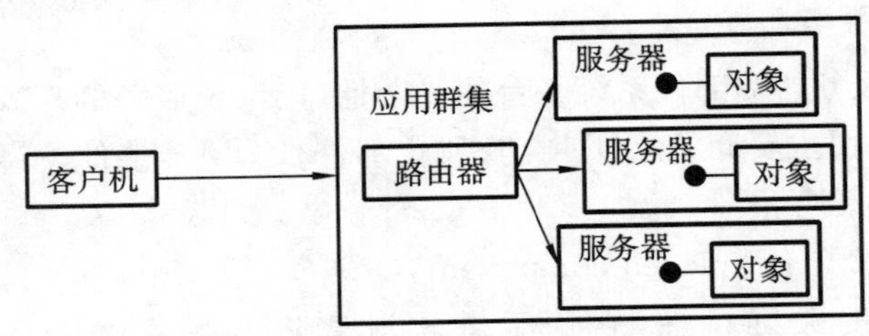


图 10-9　负载平衡应用模型

4）驻留内存数据库(in memory database,IMDB)

对于以数据为中心的应用软件，为了提高系统的运行效率，应该尽可能地让更多的数据驻留在内存中，尤其是客户程序频繁访问的数据信息。IMDB 是驻留在内存中的支持事务特性的数据库系统，它可以为 COM+应用程序提供快速的数据访问。

5）COM+对象池

对象池是指把对象的实例保留在内存中，以便当客户请求创建对象时可以马上用到这些对象。对象池如同 IMDB 一样，完全是出于效率考虑的，用于建立大型的应用系统。

## 习　　题

10-1　为什么要做分布式应用？

10-2　分布式计算有哪几种？各有什么特点？

10-3　什么是 CORBA？试描述 CORBA 规范的发展进程。

10-4　CORBA 运行机制的静态调用和动态调用是如何进行的？

10-5　试描述 COM+的基本结构。

10-6　COM+标准的特点是什么？

10-7　COM+编程模型主要有哪些原则？

# 参考文献


[1] 〔美〕Roger S. Pressman. 软件工程:实践者的研究方法[M]. 7 版. 郑人杰,马素霞,等译. 北京:机械工业出版社,2011.

[2] 张海藩,牟永敏. 软件工程导论[M]. 6 版. 北京:清华大学出版社,2013.

[3] 〔美〕Frank Tsui,Orlando Karam,Barbara Bernal. 软件工程导论[M]. 4 版. 崔展齐,潘敏学,王林章,译. 北京:机械工业出版社,2018.

[4] 赵池龙,程努华. 实用软件工程[M]. 4 版. 北京:电子工业出版社,2015.

[5] 陈能技. 软件测试技术大全:测试基础 流行工具 项目实战[M]. 2 版. 北京:人民邮电出版社,2015.

[6] 〔美〕Joseph Schmuller. UML 基础、案例与应用[M]. 李虎,王美英,万里威,译. 北京:人民邮电出版社,2002.

[7] 〔美〕Erich Gamma,Richard Helm,Ralph Johnson,等. 设计模式:可复用面向对象软件的基础[M]. 李英军,马晓星,蔡敏,等译. 北京:机械工业出版社,2006.

[8] 〔德〕Frank Buschmann,Regine Meunier,Hans Rohnert,等. 面向模式的软件体系结构 卷 1:模式系统[M]. 贲可荣,郭福亮,赵皑等译. 北京:机械工业出版社,2003.

[9] 〔美〕Hassan Gomaa. 软件建模与设计:UML、用例、模式和软件体系结构[M]. 彭鑫,吴毅坚,赵文耘,等译. 北京:机械工业出版社,2014.

[10] 〔美〕Eric Evans. 领域驱动设计:软件核心复杂性应对之道[M]. 赵俐,盛海艳,刘霞,等译. 北京:人民邮电出版社,2010.